# 虚拟桌面移动办公技术

刘 蓓◎著

·北 京·

**图书在版编目（CIP）数据**

虚拟桌面移动办公技术/刘蓓著．--北京：中国经济出版社，2020.11

ISBN 978-7-5136-6389-2

Ⅰ.①虚… Ⅱ.①刘… Ⅲ.①办公自动化-应用软件 Ⅳ.①TP317.1

**中国版本图书馆 CIP 数据核字（2020）第 220742 号**

责任编辑　姜　静
责任印制　马小宾
封面设计　任燕飞工作室

**出版发行**　中国经济出版社
**印 刷 者**　北京建宏印刷有限公司
**经 销 者**　各地新华书店
**开　　本**　710mm×1000mm　1/16
**印　　张**　15
**字　　数**　246 千字
**版　　次**　2020 年 11 月第 1 版
**印　　次**　2020 年 11 月第 1 次
**定　　价**　68.00 元
**广告经营许可证**　京西工商广字第 8179 号

**中国经济出版社**　**网址** www.economyph.com　**社址** 北京市东城区安定门外大街 58 号　**邮编** 100011
本版图书如存在印装质量问题，请与本社销售中心联系调换（联系电话：010-57512564）

# 前言

当前，随着云计算、大数据、移动互联网等技术的快速发展，移动办公应用模式已经深入人心。一方面，加快传统产业的数字化转型、优化服务模式、降低服务成本，离不开移动互联网和移动办公技术的支撑；另一方面，数据经济、数字政府、智慧城市等建设需求也会带来大规模的移动办公建设需求，特别是2020年疫情对移动办公的推动，移动办公将是一个不可逆转的趋势。

安全始终是影响移动办公技术应用深度和广度的重要因素，移动办公安全涉及智能终端安全、数据安全、通信安全、系统安全等诸多方面。由于移动办公突破了传统的网络边界，需要通过公共网络进行连接、通过各种BYOD终端进行访问，导致内网的系统和数据暴露在外，大大增加了数据安全管理和系统安全管理方面的风险和压力。虚拟桌面技术以其数据不落地，易于部署、易于管理、安全可靠等特点和优势，将成为构建移动办公系统的首选方案之一，并具有广阔的市场应用前景。

作者在承担科技部重大研发计划课题“基于公众移动网络的端网协同安全关键技术研究与设计”、国家标准“电子政务移动办公安全技术规范”、国家发展改革委信息安全专项“政务计算机安全核心配置标准研制及其验证、应用平台建设”等研究工作过程中，持续开展了对政务安全虚拟桌面技术和端网协同安全移动办公关键技术的研究，完成了政务安全虚拟桌面（Gdesk）的整体设计和研发，并在各行业进行了试点和应用实践。本书即是这些工作成果的归纳和总结，目的是推动虚拟化移动办公技术在各行业的安全应用。

本书主要介绍了虚拟桌面技术发展趋势，分析了虚拟化移动办公的应用需求，系统地介绍了政务安全虚拟桌面解决方案的总体架构及其四大关键技术平台——前置客户机、虚拟化支撑平台、办公应用平台和安全管理平台的设计原理、技术路线和功能结构，最后简要介绍了相关技术在政务、医疗、通信、教育、海关、金融等行业的应用实践。

本书相关的研究工作得到了国家信息中心李新友首席工程师的大力支持和指导。同时，本书的编写得到了程浩工程师，以及许涛、付宏艳高级工程师的贡献和帮助。另外，北京艾斯蒙公司、山东乾云公司、北京北信源公司、中企动力公司、亿阳信通公司、南京壹进制公司、兴唐通信科技有限公司等单位参与了本书相关技术成果的研发和应用工作，并为本书的写作提供了大力支持。在此一并致以衷心的感谢！

本书可供从事虚拟化移动办公技术、网络安全技术相关科研工作者、工程技术人员和相关专业的高校师生参考，并为虚拟化移动办公技术在各行业的安全应用提供一定的借鉴。

作者

2020 年 9 月

# 目录

第1章

# 虚拟桌面技术基础

虚拟桌面技术是虚拟化技术的一个特殊分支。本章首先引入虚拟桌面概念，帮助读者了解虚拟桌面的本质特征，然后介绍虚拟桌面技术的发展历史、实现方法及其应用价值。通过本章的阅读，读者可以了解虚拟桌面技术的基本知识。

本 章 导 读

- 虚拟桌面技术简介
- 虚拟桌面技术发展
- 虚拟桌面技术实现
- 虚拟桌面技术应用

##  1.1 虚拟桌面技术简介

### 1.1.1 从真实走向虚拟

虚拟化（Virtualization）是一个广泛的概念，基本含义是对计算机资源的抽象逻辑表示。虚拟是相对于真实的物理资源来说的。虚拟化将原来运行在物理环境里的计算机系统或组件运行在虚拟出来的资源环境中。比如，早期的存储虚拟化、云计算服务中经常采用的服务器虚拟化、网络虚拟化、应用虚拟化，以及本章要介绍的桌面虚拟化等。

桌面虚拟化（Desktop Virtualization）又称虚拟桌面（Virtual Desktop），这一概念是从物理机的逻辑桌面演变而来的，它将用户的桌面环境及关联的应用软件从具体的物理客户端分离开来。操作系统、应用程序和用户数据的执行和存储都集中在数据中心的虚拟机上，用户通过使用某种远程桌面传输协议将其传输到用户的终端设备上，如图 1-1 所示。

这种方式不仅能够将所有桌面虚拟机在数据中心进行统一托管，还能够使用户通过远程访问获得与传统个人计算机（PC）完整而且一致的使用体验。利用虚拟桌面技术，与终端相关的许多问题便可迎刃而解。

大多数人对于类似虚拟桌面技术的体验并不陌生，早期可以追溯到微软公司在其操作系统产品中提供的远程桌面和终端服务。当某台计算机开启了远程桌面连接功能后，用户就可以使用远程桌面协议（Remote Desktop Protocol，RDP）在另一台计算上控制这台计算机，包括在计算机上安装软件、运行程序等，就好像是直接在这台计算机上执行一样。终端服务一般是通过“瘦客户端”软件远程访问微软 Windows 桌面。其实终端服务仅把程序的用户界面图像传输到客户端，然后客户端将键盘动作和鼠

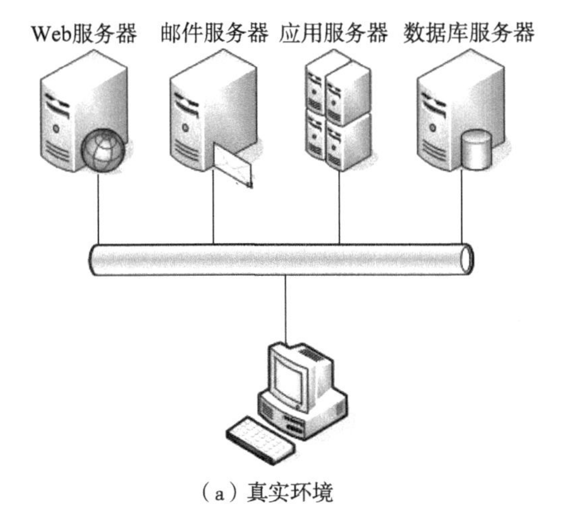


（a）真实环境

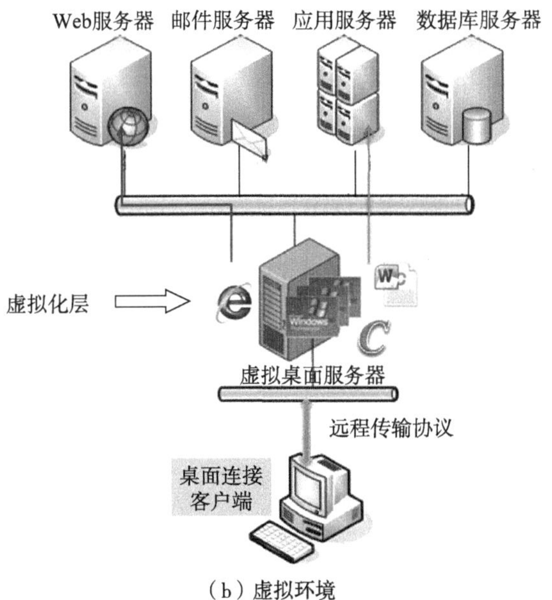


（b）虚拟环境

**图 1-1　虚拟桌面示意图**

标点击动作记录回传，由后台服务器处理。每个用户登录远程桌面后只能看到自己的会话内容，该内容由服务器操作系统进行管理，对于用户来说并不可见，而且与任何其他客户端会话相互独立。远程桌面与终端服务不同的是，前者将拥有整个桌面的控制权，而后者只执行特定的应用。

### 1.1.2 虚拟桌面技术特征

虚拟桌面技术的本质特征包括如下四点。

（1）计算服务器化。桌面和应用完全在数据中心的服务器上运行，运行界面通过远程传输协议传到计算机终端上。

（2）隔离。不同用户的虚拟桌面都与在同一个服务器上运行的其他用户的虚拟桌面相隔离。

（3）应用数据不通过网络传输。应用数据在虚拟桌面服务器上运行，屏幕图像被发送到用户终端，终端鼠标单击、键击等交互信息被发送到虚拟桌面服务器上进行处理。

（4）终端的设备无关性。虚拟桌面可以在各种类型的 PC 机、移动终端上运行，降低了终端适配的复杂度和依赖性。

### 1.1.3 虚拟桌面技术典型架构

虚拟桌面技术典型架构如图 1-2 所示。

**图 1-2　虚拟桌面技术典型架构**

物理主机上安装虚拟化操作系统，在虚拟化操作系统之上构建多个虚拟机，可按照虚拟的资源需求，如 CPU、内存和硬盘需求，自动生成虚拟机。一般来讲物理主机的 CPU 数量决定了可生成虚机的数量。每个虚拟机上安装各种桌面操作系统，成为各种桌面终端实例，桌面上可以直接安装应用程序，桌面系统运行和使用方式与普通桌面系统完全一致。

##  1.2 虚拟桌面技术发展

### 1.2.1 虚拟桌面技术的发端

1959年6月，在由联合国教科文组织于纽约举行的国际信息处理大会上，英国牛津大学教授克里斯托弗·斯特雷奇（Christopher Strachey）发表了题为《大型高速计算机中的时间共享》（*Time Sharing in Large Fast Computers*）的学术报告[1]，被公认为是对虚拟化思想的最早论述，虚拟化技术由此发端。克里斯托弗在报告中提出了“多道程序”（Multiprogramming）的概念，多个程序可以同时运行而不需要等待外设，同时程序员还可以通过自己的控制台调试其程序。克里斯托弗的“多道程序”概念仍然以当前的核心批处理为中心，但又描述了如内存保护和共享中断这种架构要求。这种“多道程序”的概念把计算研究推动到一个新方向。后来，克里斯托弗写道：“当我在1959年写这篇论文时，和大家一样，我也不知道这会让编写软件来控制分时或多道程序产生什么样的困难。如果我知道的话，我真不该对它们这么热衷。”

1965年，IBM公司发布的IBM 7044计算机（图1-3）最早在商业系统上实现虚拟化。IBM 7044为主机创建多个虚拟镜像，为多个用户的程序提供了独立的计算环境，允许在一台主机上运行多个操作系统。每个镜像叫作7044/44X，多个用户能够通过虚拟镜像访问主机的内存和资源。从本质上来说，IBM7044定义了虚拟内存管理机制，应用程序可以运行在虚拟内存中。从用户的角度来看，这些虚拟内存就好像是一个个独立运行的“虚拟机”，分别供不同用户的程序来运行计算。

1966年，剑桥大学教授Martin Richards开发了BCPL（Basic Combined Programming Language）语言，应用程序虚拟化最早用于BCPL。BCPL是一种命令式语言，是B语言的一个前身，后来该语言发展为我们现在使用的C语言。BCPL的第一个编译器是专为兼容分时系统（Compatible Time Sharing System）下的IBM7094系统编写的，该系统是开发的第一个分时操作系统之一[2]。

图 1-3　IBM 7044 计算机

桌面虚拟化技术的前身是从虚拟化的不同领域产生、发展直至成熟，包括服务器虚拟化、应用虚拟化等，才使得现在的桌面虚拟化技术成为现实。

## 1.2.2　虚拟桌面技术的萌芽

处于虚拟桌面萌芽状态的技术包括远程桌面和本地桌面虚拟化。

（1）远程桌面。

对于从事 IT 技术的人来说，远程桌面可以说是一种家喻户晓的技术了。内置在 Windows XP 操作系统中的远程桌面使用了 RDP 协议，允许系统用户通过图形用户界面从其他的电脑上远程登录、访问与使用目标桌面，就好像在本地控制系统下使用一样。RDP 技术的原理是将目标计算机上的运行界面图像传输到用户实际操作的计算机屏幕上，并将用户的键盘、鼠标等终端操作传输到目标计算机进行交互。在默认情况下，远程桌面协议的客户端代理内置在微软的操作系统中，服务器端从客户端代理接收请求，显示应用程序的图像或者通过客户端代理远程访问系统，服务端系统通过端口 3389 来监听来自客户端的 RDP 连接请求。

微软最早将 RDP 协议用于 Windows 服务器上的终端服务（Terminal

Service）访问协议，实现了 Windows 服务器上的多用户模式，使得用户在本地不安装任何应用的条件下，能够远程访问和使用服务器上的各种应用程序。远程桌面可以用于发布、管理或者远程访问集中使用的应用程序，也常被管理员用来远程访问用户系统，以便协助排除故障。在虚拟化技术兴起之后，微软曾将 Windows Server 2008 上的终端服务重新定义为“演示虚拟化技术”，但无论采取何种定义，远程桌面仍然是当前桌面虚拟化的核心技术。

（2）本地桌面虚拟化。

所谓的本地桌面虚拟化，是指整个桌面环境在用户终端（如 PC）上一个受保护的环境中执行，在一台计算机上同时运行多个操作系统。该虚拟化桌面运行在用户终端的底层硬件和主机操作系统之上，与安装在主机操作系统之上的其他应用的运行方式类似，但与已安装的其他应用是隔离的。Vmware Workstation 和微软 VPC（Windows Virtual PC）都属于此类产品。

从这个角度定义的虚拟桌面，可以看作是 PC 操作系统之上的桌面虚拟化解决方案，其主要解决的是不依赖于特定的硬件，将操作系统的安装环境与运行环境的分离来实现。但需要指出的是，本地桌面虚拟化是服务器虚拟化的重要雏形，而且当服务器虚拟化技术成熟之后，真正的桌面虚拟化技术才得以出现。

### 1.2.3　虚拟桌面技术的发展

自计算机诞生以来，计算机硬件系统性能的发展速度一直远远快于软件的发展速度。根据摩尔定律，集成电路上的元器件数目，每隔 18~24 个月便会增加一倍，性能也将提升一倍。随着集成电路的集成度越来越高，计算机硬件的体积越来越小。但与此同时，系统资源的利用率却没有提高多少。据统计，UNIX 服务器的中央处理器（CPU）平均利用率不足 29%，而基于 Windows 的服务器 CPU 更是不到 13%[3]。一方面，服务器的计算资源未能得到有效利用，造成极大的浪费；而另一方面，用户却无法利用服务器的剩余计算资源构建自己独立、完整、与其他用户互不干扰的桌面操作系统环境。因此，随着服务器计算和存储能力的日益增强以及服务器虚拟化技术的逐渐成熟，服务器可以提供多台桌面操作系统的计算能力，在同一个独立的计算机硬件平台上同时安装并运行多个操作系统的桌面虚拟化技术便应运而生。也有人将这种虚拟桌面称为第一代虚拟桌面，其核心要素是每个终端用户的桌面操作系统都集中在服务器上以一个虚拟机的形式运行，终端用户可以通过多种方式和设备访问自己的桌面。

虚拟桌面技术将远程桌面的访问能力与虚拟操作系统结合起来，极大地提高了计算机资源的利用率。物理机器使用虚拟化技术后，一台服务器可以支持几十甚至几百个桌面系统同时运行，服务器的平均资源利用率可提高到90%[3]，基本上已达到单个计算机最优的饱和工作量，而且减少了整个系统的成本，大幅度降低了能耗。应用桌面虚拟化技术后，单台服务器的成本投入需要适当增加，即高配置的服务器要比低配置的服务器更适于部署虚拟化系统，但另一方面也能获得更显著的效益，例如虚拟桌面技术可能使得2倍的硬件投入产生4倍甚至更多的收益。而管理成本的降低、安全性的增强等因素还未被计算在内。因此可以说，是服务器虚拟化技术，使得虚拟桌面技术实现大规模应用。

当然，如果只是将原来运行在用户终端上的操作系统转变成为运行在服务器上的虚拟机，如果用户无法访问，那肯定是没有任何意义的。因此，虚拟桌面的核心，不是在后台服务器虚拟化的基础上实现桌面虚拟化，而是让用户能够在任何时间和任何地点，利用任何设备，以任何方式访问到自己的专属桌面，也就是虚拟桌面必须具备远程网络访问功能。而远程网络访问能力是通过远程访问协议实现的，远程访问协议性能对于最终的用户体验甚至整个虚拟桌面技术的成败都是至关重要的。目前，比较成功的远程访问协议主要有三个：一是最早由 Citrix 开发，后被微软收购并集成在 Windows 中的 RDP 协议，微软桌面虚拟化产品使用这种协议，后来 Vmware 研发推出的 Sun Ray 等硬件产品，也都是使用 RDP 协议；二是由 Citrix 公司开发的、自己独有的 ICA 协议，这种协议主要应用到 Citrix 的应用虚拟化产品和桌面虚拟化产品中；三是 VMware 推出的、其自有的 PCoIP 协议，用于提供高质量的虚拟桌面用户体验。

从目前官方的文档记录与实际测试来看，通常情况下，ICA 协议的性能要高于 RDP 协议，需要 30～40kbps 的带宽，而 RDP 的带宽需要约在

60kbps，这些都不包括视频、游戏以及3D制图状态下的带宽占用率。一般情况下，在LAN环境下，一般的应用RDP和ICA都能正常运行，只不过是尽管RDP协议造成网络带宽占用较多，对于性能还不至于产生很大影响，但是在广域网甚至是互联网上，RDP协议基本不可用。在视频观看、Flash播放、3D设计等应用上，即使在局域网环境下，RDP的性能也会受到较大影响，但是采用ICA协议的用户体验会好得多。VMware view 5.0产品声称其进一步提高了PCoIP协议的性能，将带宽占用率降低了75%。需要指出的是，微软、Citrix和Vmware这三家公司分别推出了自己研发的服务器虚拟化技术产品，比如Hyper-v是微软公司的，XenServer是Citrix公司的，而VMware Esxi毫无疑问是Vmware公司的。

### 1.2.4　虚拟桌面技术的成熟

正如天下大势，分久必合，合久必分，IT系统技术架构的历史变化亦是如此。从最早主机-终端模式，到PC分布式模式，再到今天的虚拟桌面模式，其实体现了计算使用权与管理权的分离发展。在主机模式下是集中管理，但是应用必须到机房去使用；PC分布式时代，所有计算都在PC上进行，随之IT的运维管理也变成分布式的，这同时也给IT部门的运维管理带来巨大压力，需要分别管理所有的用户PC机，导致管理成本大幅度上升。

### 1.2.5　虚拟桌面技术的未来

虚拟桌面未来将何去何从？有观点认为，桌面即服务（Desktop as a Service，DaaS）可能是虚拟桌面未来的发展方向之一。随着云计算的兴起和普及，作为基础设施即服务（Infrastructure as a Service，IaaS）的一部分，虚拟桌面和IaaS结合，将桌面资源作为一种服务分发给最终用户，从而进化为一种信息服务——“桌面云”。虚拟桌面托管在云端，使用某种远程显示协议，提供对这些虚拟机的远程访问。用户无须额外安装软件、硬件，无须施行桌面和应用程序生命周期管理，无须指定专门人员进行运行和维护，云端软件自动升级、打补丁，故障时能够快速恢复。用户几乎可以使用任何设备（包括智能手机、平板电脑等移动设备）办公，可以在任何时间、任何地点创建、存储、检索、编辑和更新文件，只要能够上网连接到云端即可。

但是，桌面即服务模式仍然面临三大挑战。

首先，DaaS 的许可方式无疑是其发展的最大挑战。微软目前的许可政策使得许可桌面操作系统在云端运行即便不是不可能，至少也是非常困难的。虽然可以通过使用不同的底层平台，例如运行 Windows Server 2008 R2 而不是 Windows 7 来避免这一问题，但却会损害虚拟桌面本身所具有的个性化配置功能。

其次，DaaS 的安全性问题是其面临的第二大挑战。对于大多数企业来说，数据都被视为最宝贵的资产之一。正是由于这个原因，许多企业仍不情愿把自己全部的机密信息托管在位于某个地方的、并非完全归自己控制的一个共享设施里。从理论上说，集中托管的桌面云位于专业的数据中心，企业更容易确保其安全性。但另一方面，安全常常取决于第三方，由于全球各地每天都在发生众多的数据泄密事件，让企业将机密信息托管在其他地方仍是采用 DaaS 面临的一大挑战。这一挑战不仅与企业文化有关，还与需要遵守的地方法律法规有关。

最后，提供对数据随时、随地的实时访问是 DaaS 面临的又一挑战。对于任何“桌面即服务”解决方案来说，对数据的访问至关重要。为了给托管桌面提供更加稳定的连接性，企业可以创建某些应用程序的本地拷贝，以访问这些数据。不过，这又带来了另一个挑战：确保数据同步和安全。

总而言之，虚拟桌面产品要想完全转型为 DaaS 服务，仍然有许多问题需要解决。

## 1.3 虚拟桌面技术实现

目前，虚拟桌面解决方案的主要产品有 VMware 公司的 Horizon View、Citrix 的 XenDesktop、微软的 MED-V、国家信息中心自主研发的 GDesk、华为的 FusionCloud 和方物的 vAccess 等，下面将分别对这些产品进行简要介绍。

## 1. 3. 1　Horizon View

Horizon View 是 VMware 公司基于 vSphere 云计算基础架构平台的桌面和应用虚拟化解决方案，采用自有的 PCoIP 桌面虚拟化协议以图像方式压缩传输用户会话，可以通过单一平台向终端用户交付虚拟化或远程桌面以及应用，支持终端用户通过各种设备、介质和连接从一个统一工作空间访问这些桌面和应用，并具有集中管理虚拟、物理和自带设备映像的功能。利用 Horizon View，IT 部门可在数据中心内运行虚拟桌面，并将桌面作为一种服务交付给员工，使得终端用户可以获得熟悉的个性化桌面环境，并可以在企业、家庭或任何地方远程访问此桌面环境。Horizon View 的体系结构如图 1-4 所示。

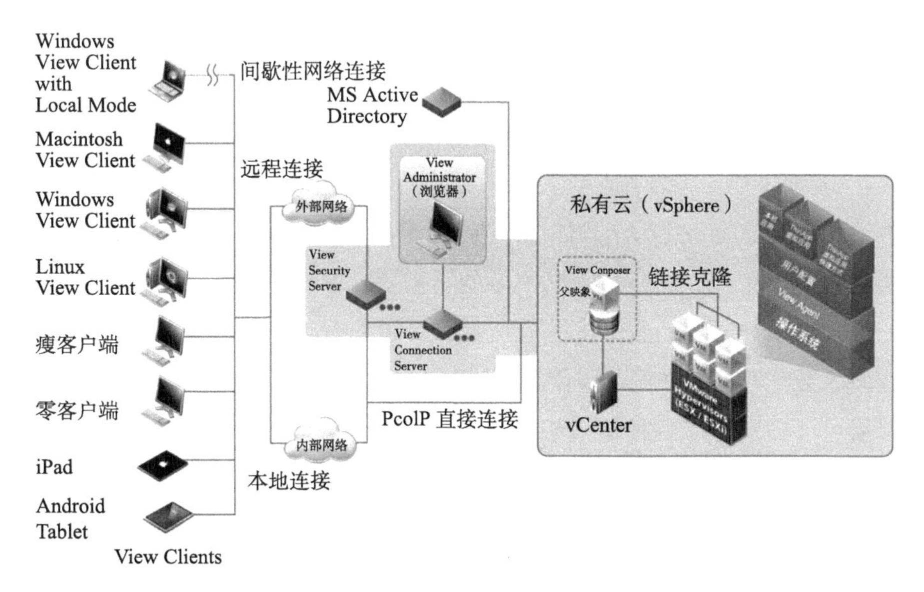


**图 1-4　Horizon View 体系结构**

Horizon View 主要包括以下组件：①View Client 是用于访问 Horizon View 桌面的客户端软件，支持 Tablet、Windows、Linux、Mac PC 或笔记本电脑、瘦客户端等平台，用户通过 View Client 连接至 View Connection Server 或 View Security Server；②View Security Server 为连接 View Connection Server 以访问内部网络的外部网络用户提供额外的安全层，可处理 SSL 功能；③View Connection Server 是客户端连接的代理，通过 Windows Active Directory 验证用户

身份，然后将请求重定向到相应的虚拟机或者物机，或者是 Windows 的远程桌面服务器；④View Administrator 是 View Connection Server 的管理界面，管理员可使用 View Administrator 配置 View Connection Server、部署和管理桌面、控制用户身份验证、启动和检查系统事件并进行分析活动；⑤View Composer 运行在管理虚拟机的 vCenter Server 实例上，可以从指定的父虚拟机创建链接克隆池，每个链接克隆都像一个独立的桌面，具有唯一的主机名和 IP 地址，但与父虚拟机共享一个基础映像，从而减少对存储空间的需求；⑥vCenter 提供了一个用于管理 VMware vSphere 环境的集中式可扩展平台，可从单一控制台集中管理虚拟化主机和虚拟机。

### 1.3.2 XenDesktop

XenDesktop 是 Citrix 推出的一种端到端的桌面虚拟化解决方案，可通过一个统一平台为用户按需交付虚拟应用和桌面。用户可从应用商店中选择应用，该应用商店可通过各种设备（包括智能手机、平板电脑、PC、Mac 和瘦客户端）安全地接入，并支持用户在使用不同设备间的无缝切换，实现简单而一致的用户体验。在 XenDesktop 桌面虚拟化方案中，桌面所有的运行都发生在远程数据中心的机房里。XenDesktop 使用 Citrix 自有的 ICA 协议处理本地操作与远程桌面和应用的交互。ICA 协议连接了运行在服务器上的应用进程和业务 PC 机的输入输出设备，通过 ICA 的 32 个虚拟通道（分别传递各种输入输出数据如鼠标、键盘、图像、声音、端口、打印等），运行在服务器上的应用进程的输入输出数据重新定向到远端客户端机器的输入输出设备上，因此业务用户使用服务器上的应用时感觉就像在使用本地模式一样。在客户端机器上所有的输入（如鼠标、键盘的操作）被 ICA 协议同步到服务器上执行，所有的输出（如屏幕的刷新）也被 ICA 协议同步到客户端。XenDesktop 桌面虚拟化完整的解决方案整体架构如图 1-5 所示。

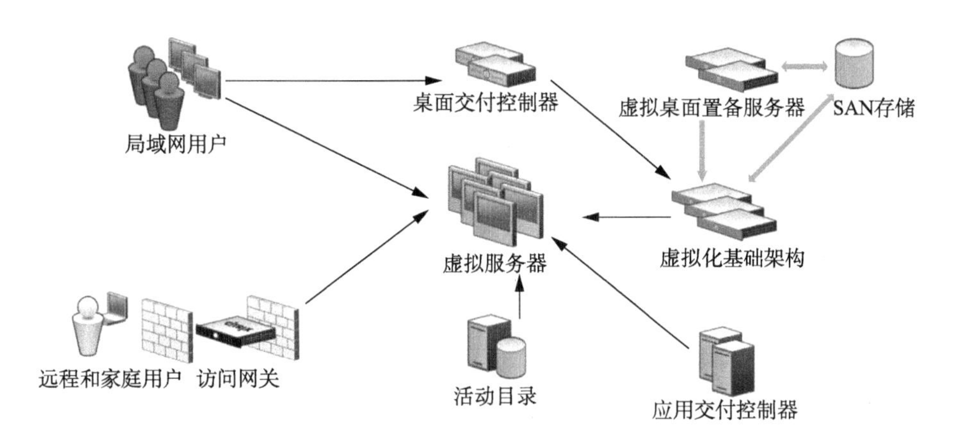


**图 1-5　XenDesktop 架构**

XenDesktop 的核心组件包括四个主要部分：虚拟化基础架构允许单个物理服务器分成多个共享资源的虚拟服务器，支持 XenServer、VMware ESX 和微软 Hyper-V 等主流服务器虚拟化产品；虚拟桌面交付控制器负责新虚拟桌面的注册，以及将虚拟桌面的请求指向可用的系统，通过 Web 网站或本地安装的接收器将虚拟桌面交付给用户，用户通过整合的 Web Interface 组件间接与控制器进行交互；虚拟桌面置备服务器在虚拟化基础架构上为虚拟桌面实例提供了操作系统镜像，当每个虚拟桌面启动时，操作系统会经由网络通过流技术交付给虚拟桌面；应用交付控制器负责识别分配给用户的应用，并将其交付给虚拟桌面。

### 1.3.3　MED-V

MED-V（Microsoft Enterprise Desktop Virtualization），即微软企业桌面虚拟化，是微软提出的客户端托管桌面虚拟化解决方案，其架构如图 1-6 所示。客户端托管桌面虚拟化是在客户端创建一个本地的虚拟映像文件，可以离线式工作，不需要服务器端也可以运行，也支持两个 IT 环境（例如个人环境和企业环境）在同一个物理设备上并发运行。

MED-V 包括 5 个组件：本地桌面虚拟化、应用虚拟化、服务器虚拟化、用户状态虚拟化和展现层虚拟化。其中，服务器虚拟化在独立运行 Windows Server 的服务器主机上使用 Hyper-V 运行虚拟服务器，提供服务器整合功能；应用虚拟化技术支持向用户虚拟桌面动态交付应用程序，而

**图 1-6　MED-V 架构**

不是将应用程序作为虚拟桌面映像的一部分安装；用户状态虚拟化提供文档重定向和离线文件功能，以实现用户体验的虚拟化；展现层虚拟化将使用应用程序或桌面的位置与运行它们的位置相分离，使组织能够在数据中心整合应用程序和数据，同时为本地和远程用户提供广泛的访问；本地桌面虚拟化使用 Virtual PC 能够在 Windows 桌面上创建单独的虚拟机，每个虚拟机都虚拟化完整物理机器的硬件，可支持多个不同的操作系统。

System Center 提供对整个虚拟桌面解决方案的统一和集中化管理，对虚拟机全生命周期的监控以及对计算环境中的问题进行检测、诊断和更正的工具。

微软的虚拟化桌面可以托管在客户端，也可以集中在数据中心的服务器上，以 VDI（Virtual Desktop Infrastructure）方式实现。VDI 是微软提供的一个桌面交付模型，支持客户端桌面工作负载（操作系统、应用程序、用户数据）托管在数据中心的服务器上运行。用户可以通过支持远程桌面协议（如 RDP）的客户端设备与虚拟桌面进行通信，其架构如图 1-7 所示。

在微软的 VDI 方式下，桌面环境以虚拟机的形式运行在服务器上，客户端通过网络连接来操作位于服务器端的虚拟机，用户可以随时随地访问其桌面环境。微软的 VDI 方式支持两类桌面虚拟化：个人独享桌面虚拟化和共享桌面虚拟化。

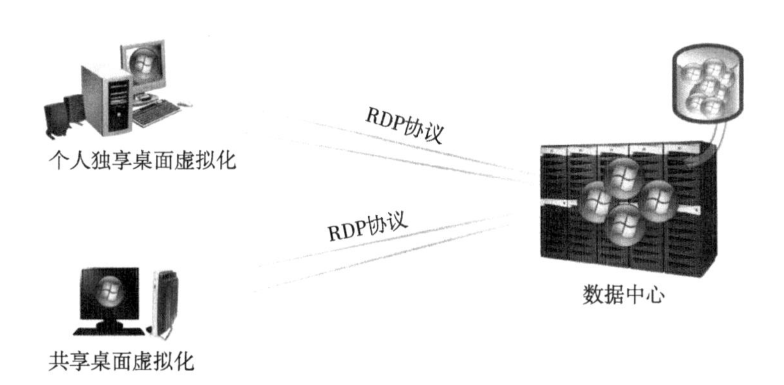


**图 1-7　微软 VDI 架构**

在个人独享桌面虚拟化方式下，用户将会独享一个 VDI 系统中的客户端虚拟机，客户端虚拟机完全模拟传统个人独享台式机/笔记本的使用习惯，虚拟机中的客户端桌面环境基本 OS 由虚机模板创建，应用软件为虚机内手工/自动本地安装，用户的个人信息保存在虚拟机内部，用户拥有自己的客户端虚拟机名称，当承载虚机的宿主服务器宕机，其上的客户端虚机可以快速在其他宿主服务器上进行恢复。

在共享桌面虚拟化方式下，用户共享 VDI 系统虚拟机池中的虚拟机实例，虚拟机实例会根据用户账号自动构建出用户熟悉的使用环境，虚拟机中的客户端桌面环境基本 OS 由虚机模板创建，应用软件通过应用虚拟化根据账号不同动态部署，用户的个人信息保存在共享文件存储中，用户访问统一的连接入口，由连接代理智能分配虚拟机实例，当承载虚机的宿主服务器宕机，其上的客户端虚机可以快速在其他宿主服务器上进行恢复。

### 1.3.4　GDesk

GDesk 是由国家信息中心牵头研制的完全国产化的政务安全虚拟桌面解决方案，适用于政务部门或企事业单位双物理网络的办公环境。GDesk 系统基于前置客户机虚拟化技术和继电器切换技术，外网模式下启动终端本机 Windows 操作系统，内网模式下启动虚拟化桌面系统，实现内外双网安全接入、安全办公应用和安全管理功能，可有效简化用户桌面环境，降低终端安全管理难度，保证终端不留密，提高用户的办公效率和安全性。

GDesk 由前置客户机 T-Line、虚拟化支撑平台 G-Cloud、桌面应用平台 G-App 和安全管理平台 G-SMP 等四部分组成。用户利用一台普通 PC 机与前置客户机相连，实现双网安全隔离与接入，如图 1-8 所示。在安全级别较高的内网中搭建虚拟化支撑平台，在服务器虚拟化的基础上进行应用虚拟化，将原有业务应用无缝移植到虚拟桌面中，通过给用户交付虚拟应用的方式代替了桌面部署，同时实现数据后台集中存储，终端不留密。GDesk 的安全管理平台提供设备与用户身份双认证、备份恢复、数据加密、统一安全配置和其他安全防护功能，保证内网访问的安全性。

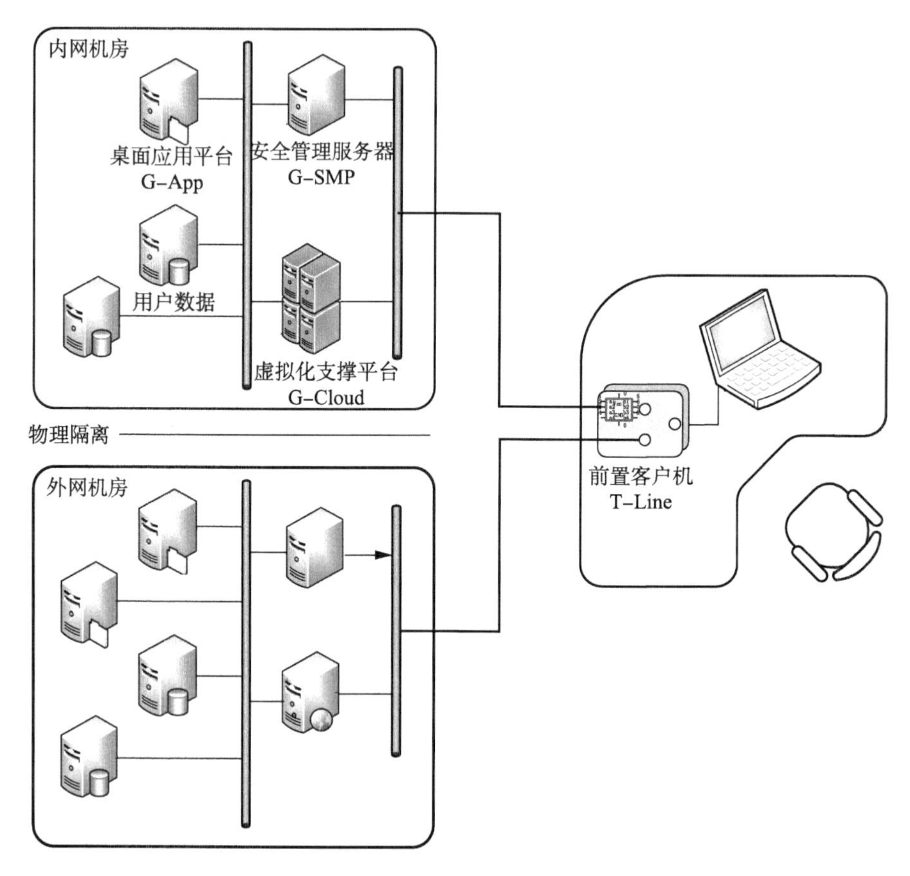


**图 1-8　GDesk 示意图**

GDesk 系统作为一个整体部署到内网环境中，与用户原有业务应用系统逻辑隔离，对原有业务应用和网络拓扑无任何影响；只要原有网络环境和应用稳定正常，通过前置客户机使用无任何改变，完全保持原有业务的可用性和持续性。

### 1.3.5　FusionCloud

华为 FusionCloud 桌面云解决方案（图 1-9）是基于云平台的一种虚拟桌面应用，将计算机的计算和存储资源（包括 CPU、硬盘、内存）集中部署在云计算数据中心机房，通过虚拟化技术将物理资源转化为虚拟资源，企业根据用户的需求将虚拟资源集成为不同规格的虚拟机，按需向用户提供虚拟桌面服务[4]。终端用户可以通过瘦客户端或者其他任何与网络相连的设备来访问跨平台的应用程序，以及整个客户桌面。

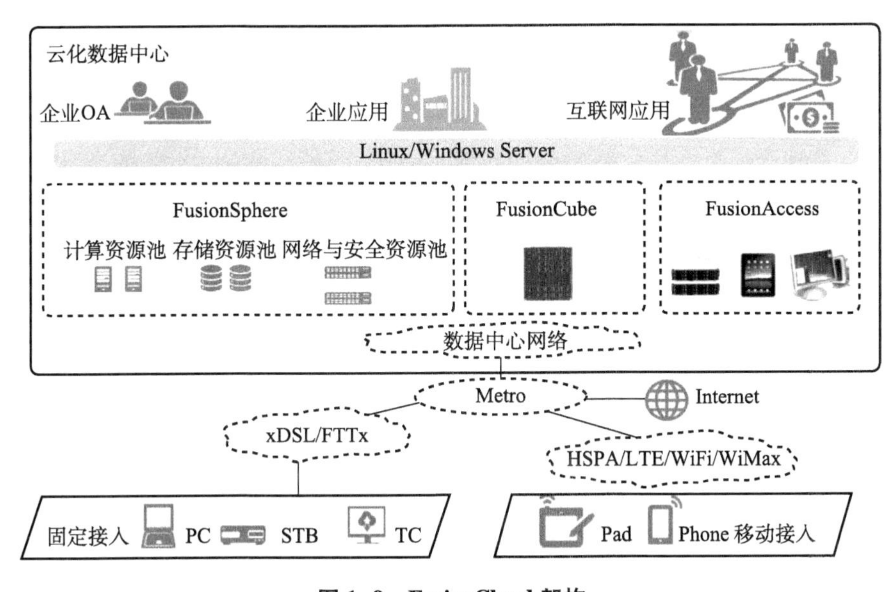


**图 1-9　FusionCloud 架构**

FusionCloud 云计算解决方案主要包括 FusionSphere、FusionCube 和 FusionAccess 三个产品。

（1）FusionSphere。其属于华为云操作系统，主要提供水平整合和云化异构企业 IT 基础设施的能力，支持弹性调度和统一管理数据中心内部或跨数据中心的资源，帮助用户整合服务器资源。通过部署数据中心虚拟化或桌面虚拟化架构来建立云计算基础架构和云服务运营模式，大大提高企业的 IT 效率。

（2）FusionCube。其属于融合一体机产品，可整合优化网络、计算、存储和云操作系统，提供统一的管理界面，为用户构建能够满足企业业务和性能要求的一站式融合云计算基础设施，并提供分布式存储引擎，支撑高性能运算和弹性扩展。

（3）FusionAccess。其属于华为桌面云软件，是华为 FusionCloud 桌面云解决方案的核心组成部分，提供固定式和移动式相融合的云接入能力，帮助用户统一管理、发布和集成固定办公和移动办公环境下的桌面、应用和数据。

## 1.3.6 vAccess

vAccess 产品是方物虚拟桌面解决方案的核心产品，体系架构如图 1-10 所示。其体系架构主要由三部分组成：瘦终端、方物虚拟桌面交付平台和方物虚拟桌面后台基础架构。其中终端通过 vAccess 与服务器之间进行交互，方物虚拟桌面后台基础架构包含 vServer 产品和 vCenter 产品，为桌面虚拟化提供后台的虚拟机管理技术支撑；vAccess 提供虚拟桌面交付平台功能；显示服务器输出的图像或向服务器输入用户的操作指令。

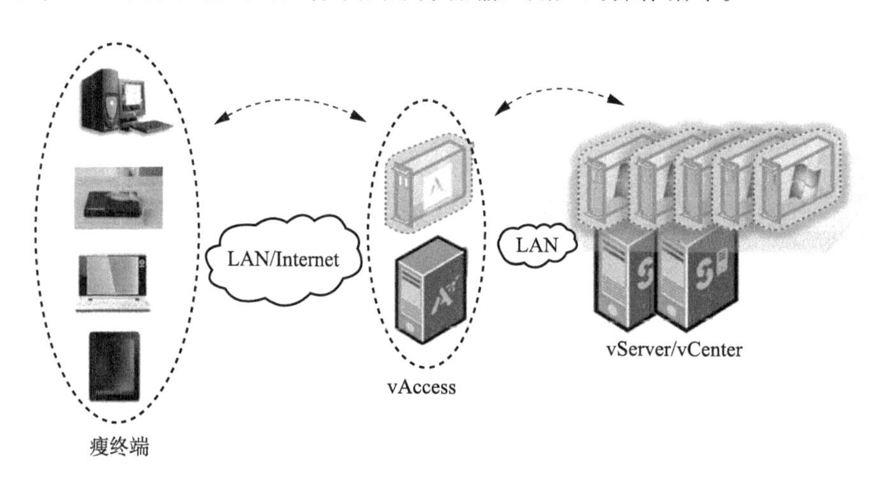


**图 1-10　vAccess 体系架构**

实际运行过程中，用户通过瘦终端通过网络访问 vAccess 服务，用户身份验证通过后分配相应的权限，用户便可访问后台的虚拟桌面平台，所有的虚拟桌面以桌面池的形式统一集中管理。在使用虚拟桌面的过程中，用户可以根据访问权限，在终端上使用打印机、扫描仪、优盘等外设，并流畅播放音频、视频、图片等。用户与虚拟桌面之间的通信和数据受到全程安全防护。

方物桌面虚拟化方案提供三类桌面池，分别是浮动桌面池、专用桌面池和固定桌面池。

（1）浮动桌面池。桌面池中所有的桌面操作系统和应用系统配置完全一致。用户每次登录时，都从池中随机获得一个全新的桌面实例，用户退出时，桌面不会保存用户的任何修改，并且会释放到桌面池中供下一次分配给新的用户。用户如果想保存自己的桌面数据，必须通过配置 AD 域漫游将数据保存到共享存储上，或者用移动磁盘拷贝数据。浮动桌面池主要适用于培训教室、机房、呼叫中心、营业厅等简单任务场景。

（2）专用桌面池。初始时桌面池中所有的桌面操作系统和应用系统完全一致。当用户首次登录并获得桌面实例后，该用户与该桌面进行了绑定，以后用户每次登录都将使用该专用桌面，当用户退出时该专用桌面也不会再被分配给其他用户，并且用户专用桌面的所有修改都被保存下来。

（3）固定桌面池。由管理员手工指定桌面池中的桌面系统与用户之间的绑定关系。用户每次登录时，直接根据管理员的配置进入到指定的固定桌面环境中，同样，用户在桌面中的所有修改都被保存记录下来。

## 1.4　虚拟桌面技术应用

虚拟桌面以其易部署、易使用、易管理、低功耗、低成本等优势得到了广泛应用。桌面系统统一部署，按需生成、分配和使用，可快速部署桌面和应用系统，支持大多数 PC 终端和移动终端设备。所以虚拟桌面在移动办公场景下应用最为广泛，可支持任何设备在任何时间、任何地点访问桌面和应用系统。移动终端通过远程桌面协议登录移动桌面系统，保证数据不落地，保证系统和数据都在内网运行，具有比较高安全性，简化了移动管理，减少进行终端适配的复杂性。

但是应该看到虚拟桌面还有一些应用方面的局限性，包括用户体验、与本地系统的交互和安全性三个方面。在用户体验方面，虚拟桌面需要实时传输图像信息，需要占用大量网络带宽，在网络连接不好的情况下，会有较大延时。而且用手机终端访问 PC 虚拟桌面，因屏幕太小，操作不方便，也会影响用户体验。在与本地系统的交互方面，虚拟桌面提供了完全独立于本地操作系统的运行环境，因此无法访问本地数据，给数据交换和文件共享带来一定困难。在安全性方面，主要安全风险存在于远程接入环节的设备安全性认证和用户身份安全性认证。解决好上述问题，虚拟桌面技术将具有广阔的应用前景。

## 1.5 本章小结

本章主要是使读者初步认识虚拟桌面技术，它的基本概念，以及本质特征，给出虚拟桌面技术典型架构。本章内容详细介绍了虚拟桌面技术发展过程，包括技术的发端、萌芽、发展、成熟过程，以及未来发展趋势。让读者了解 6 种主流虚拟桌面技术，分别介绍了每种技术的体系结构及其实现方式。最后介绍了虚拟桌面技术的优势和应用前景。

第2章

# 虚拟化移动办公

虚拟化移动办公是利用虚拟化技术实现现场或远程移动办公。本章首先介绍典型政务移动办公场景和面临的主要问题，然后介绍政务移动办公对虚拟化技术的应用需求，虚拟桌面在双网移动办公模式下应用架构，以及研究虚拟化移动办公技术的优势和意义。通过本章的阅读，读者可以了解虚拟化技术在政务移动办公领域的应用模式和应用方法。

本 章 导 读

- 政务移动办公现状
- 双网移动办公对虚拟化技术的应用需求
- 虚拟政务桌面系统架构
- 研究虚拟化移动办公技术的意义

##  2.1 政务移动办公现状

随着我国政务信息化的快速发展，政府部门利用计算机网络和应用系统等信息技术手段开展日常办公和对外服务已经成为常态。与之相适应，电子政务网络基础设施和信息系统建设得到了同步快速发展。目前各级政府部门常用的电子政务网络分为内网、外网和专网。内网是内部局域网，主要用于承载公文流转、邮件系统和信息发布等 OA 应用系统，其中存储和传输的信息安全保密级别较高。外网与互联网互通，主要用于承载门户网站和对外提供公共服务的互联网应用系统，其中存储和传输的信息安全保密级别较低。专网是为了支撑全国垂直分布的政府机构和行业机构的业务应用系统所建设的专线网络，其上承载的信息安全保密级别一般低于内网而高于外网。

按照国家信息保密管理规定，不同安全级别的政务网络之间需采取逻辑或物理隔离措施。因此，在政务内网、外网以及专网并存的情况下，一个工作人员需同时配置多台不同终端用于处理相关业务，打印机等外设也需要独立配置。终端设备的成倍增加通常导致硬件投资成本增加，终端维护管理、数据备份恢复等服务成本激增，终端留密等信息安全风险加大等问题，同时也造成很大的资源浪费。

2020 年初，一场突如其来的新冠肺炎疫情改变了人们的生活和工作方式，远程办公成为各单位在疫情防控阶段保持业务连续性，以及实现工作联系、沟通和协同的首选手段和刚性需求，即时通信、远程会议、移动办公应用等发挥了重要作用[5]。

应当说，从我国信息技术的发展来看，移动办公的技术条件早已具

备，从移动智能终端的普及，移动通信网络的高速覆盖，到云计算、大数据等新技术的应用，都为移动互联网的深化发展和创新应用奠定了坚实的基础，越来越多的互联网应用实现了移动化。据统计[6]，2019 年网民手机上网的比例高达 99%。面向公众服务的互联网应用，几乎全部实现了移动化。

除了上述技术因素外，推动移动办公发展的第二驱动力来自国家政策的引导和支持。2014 年国务院办公厅发布《国务院办公厅关于促进电子政务协调发展的指导意见》（国办发〔2014〕66 号）[7]，提出要深化应用，提升支撑保障政府决策和管理的水平，积极开展视频会议、移动办公等应用。2015 年国务院发布《关于积极推进“互联网+”行动的指导意见》《关于促进云计算创新发展培育信息产业新业态的意见》《关于运用大数据加强对市场主体服务和监管的若干意见》[8]-[10] 等文件，均推动移动互联网与云计算、大数据、物联网等技术的融合发展与创新应用，积极培育新兴产业和新兴业态。国家政策要求无疑加速了移动信息化基础设施的建设，以及移动应用的开发和使用。

移动办公发展的第三驱动力来自越来越迫切的业务需求。在执法、教育、医疗、能源、应急等业务领域[11]-[15]，以及在防疫等特殊应用场景下，移动应用的方便、高效和低成本等特点，使其具有不可替代的优势，也符合很多领域的业务模式和服务模式创新需求。在政务领域，随着全国一体化政务服务平台的建设推进，各级政府以数据开放为支撑，以新技术应用为手段，以优化服务和提升治理水平为目标，在实现“一网通办”过程中，坚持移动化和智能化，目前在线政务普及率近 60%[6]。

以上三方面的驱动力使得移动办公成为必然趋势。但是，移动办公面临的安全风险不容忽视。移动办公突破了传统网络边界，在带来用户连接和访问的便利性同时也带来网络攻击风险的增大。在移动互联模式下，任何一个设备、任何一个应用都可能是安全风险点，因此加强安全防护是构建移动办公系统必须要考虑的关键问题。一是要合理规划和有效管控网络安全风险点，二是要在安全性与便捷性之间做到适度与平衡，三是要加强敏感数据和个人信息保护。这些亟须国家法律法规和相关标准来加以规范和指导。根据 2016 年全国企事业单位移动信息安全需求调查[16]，国家和行业标准是移动信息安全建设遵循的首选依据。

就传统双网双机办公模式来讲，主要存在以下问题。

（1）办公桌面繁杂。

每个工作人员需要配备两台或者更多的计算机终端，不同终端连接不同网络，并且每台终端都配置独立的外部设备，占用有限的办公桌面空间，造成办公桌面的繁杂和资源浪费，影响办公环境的整洁，工作效率较低。

（2）终端留密，失泄密风险大。

内外网信息资源均在计算机终端上进行处理和存储，用户数据和文件都存储在本地计算机上，不管采取多么严密的安全防护措施都存在信息泄露的风险，一是来自外部攻击的威胁，二是来自内部人员的故意泄露，三是来自对终端之间的数据交换工具，如移动存储设备和光盘刻录设备缺乏有效的管控。

（3）安全管理难度大。

终端计算机量大面广，部署分散，软硬件配置差异较大，管理维护起来非常困难。需要根据每个网络或信息系统的安全级别，对终端实施不同的安全管理策略，还要逐台落实病毒防护、系统升级等问题，保障终端安全稳定运行，维护管理成本极高。

云计算的发展和虚拟桌面等相关技术的成熟为上述问题提供了很好的解决途径。目前虚拟技术得到迅速发展，主流虚拟技术包括虚拟服务器、虚拟网络、虚拟存储和虚拟桌面等。其中虚拟桌面已成为当前发展最快、应用前景最好的虚拟化技术之一。桌面虚拟化是指将计算机桌面系统从实际运行环境中分离出来，统一迁移到数据中心的服务器上，使桌面系统不再依赖于特定计算机而独立运行的技术。用户可以在各种异构的终端设备上，通过网络随时随地访问远程的桌面系统，获得与传统桌面一致的用户体验。因此，我们利用虚拟桌面技术来解决办公桌面繁杂、终端留密和安全管理困难三大主要问题。

##  2.2　双网移动办公对虚拟化技术的应用需求

在典型的双网办公模式下，用户最希望的是利用虚拟化技术来改善办公环境，提升办公效率，降低办公成本，在提升用户体验和办公便捷性的同时提升双网办公的安全性。

### 2.2.1　简化桌面环境

内外双网办公一般情况下需要有两台终端分别连接两个物理隔离的网络，因此，两台终端分别连接两套外设备，如鼠标、键盘、打印机等，导致桌面环境非常混乱。利用虚拟化技术可以将内网终端或者外网终端用虚拟桌面替代，然后复用那台保留的物理终端的 CPU 和内存来运行虚拟桌面系统，实现双网双系统切换使用，既可以达到双网隔离、双网办公的目的，又可以分时复用同一套物理设备，从而大大简化了桌面环境。

### 2.2.2　终端不留密

双网办公需要两套办公终端设备是因为终端上会存储办公文件数据，而内外网的办公数据需要隔离存储。在虚拟化之后虚拟桌面形成的办公数据不会在本地留存，而是存储在远程虚拟桌面服务器上，这样敏感数据信息就不会在本地终端上留存，有利于提升办公系统的安全性，终端泄密的风险大大降低，也便后台统一对文件和数据采取加密存储、访问控制和定期备份等安全管理措施。

### 2.2.3　统一安全管理

虚拟政务桌面的优势之一是终端更加安全可控，所有应用、数据都部署和存储在服务器端，计算也在服务器端运行，终端仅保留显示、输入或简易的计算功能，这样终端安全风险移至后台服务器端，因此安全的重点是保障服务器端数据的安全性和服务的可用性。具体可从如下五个方面来做好安全保障工作。

（1）用户安全。常用的用户身份认证方式有静态用户口令、数字证书、USB Key、短信密码、动态口令牌等。可根据用户终端类型和安全性

要求，采用多种认证方式组合应用，确保只有合法授权的用户才能访问虚拟桌面。在此基础上对用户的访问权限进行控制，确保授权用户能够正确访问被授权的系统资源，包括信息资源、应用资源、通信资源和物理资源等。用户授权方式主要有三种：完全授权，部分授权和时效授权。

（2）网络及终端安全。对服务器和存储资源进行严格的安全加固和边界保护。传统的网络安全防护措施包括防火墙、入侵检测、防病毒网关、UTM 等。此外，在虚拟桌面系统中，终端不再是独立运行的物理主机，而是由父桌面系统镜像生成一个个子桌面镜像，因此父镜像必须安装杀毒软件和防火墙等安全软件，并进行正确的安全配置，以保证生成的子镜像获得同样的安全保障。

（3）数据安全。由于虚拟桌面用户实际是共享服务器的计算、存储和网络等资源，因此保证不同用户之间的数据隔离和审计是非常重要的。应对数据进行加密存储，充分保护用户的隐私和敏感数据。此外，为保证业务的连续性，应根据各单位业务重要性和实时性要求，对整个桌面系统和数据进行多级实时或者定期备份，当发生系统宕机或者数据损坏时，可以及时恢复运行。

（4）安全审计。对系统内用户行为、数据访问行为和系统状态进行监测和记录，保证出现问题时做到有据可查、有据可依。这包括独立记录所有访问数据的行为，实时监控虚拟桌面系统数据的可用性，发现数据异常时及时告警，并进行风险定位。

（5）安全管理制度。除了采取必要的安全保障技术措施外，应建立严格的规章制度，部署统一的安全策略来保证虚拟政务桌面的正常运行和安全。一是要规范用户的行为，防止违规操作；二是要约束管理员的行为，防止数据外泄。系统管理员、审计员及安全员更要三权分立，加强监督和管理。

## 2.3　虚拟政务桌面系统架构

将虚拟桌面技术的优点和政务办公需求结合，就构成了虚拟政务桌面。虚拟政务桌面是以虚拟化技术为基础，以政务应用、政务信息资源利用、协同办公为主要功能目标的，能够通过任何与网络连接的设备进行访问的虚拟桌面系统。

虚拟政务桌面的系统逻辑架构如图 2-1 所示。

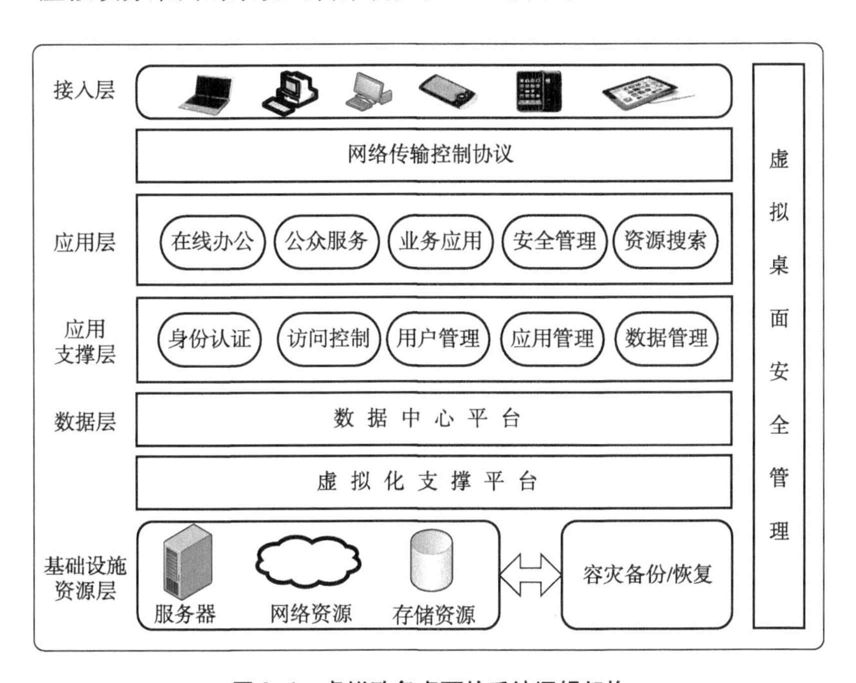


**图 2-1　虚拟政务桌面的系统逻辑架构**

虚拟政务桌面架构在虚拟化支撑平台之上，由数据层、应用支撑层、应用层和接入层组成。与传统信息系统架构部署区别在于虚拟化支撑平台和网络传输控制协议。虚拟化支撑平台解除了底层硬件与上层应用之间的耦合关系，构建出虚拟资源层，可供上层应用部署和调度。网络传输控制协议一般基于 RDP（远程显示协议），该协议提供了客户端和服务器之间的连接和交互方式，使桌面能够兼容各种异构的终端类型。

虚拟政务桌面的逻辑部署如图 2-2 所示，可满足在局域网和广域网之间移动办公的需求。这是最简单的虚拟化实现方案，原有的 C/S 架构的业务应用系统以及 B/S 架构的 Web 应用模式均不需要改造，只需增加一台虚拟桌面服务器，并将原有的应用入口部署在虚拟桌面上即可。虚拟桌面可采用 Windows 或 Linux 架构，基于异构平台开发的应用可采用虚拟应用的模式，解决异构平台之间应用移植和兼容性问题。

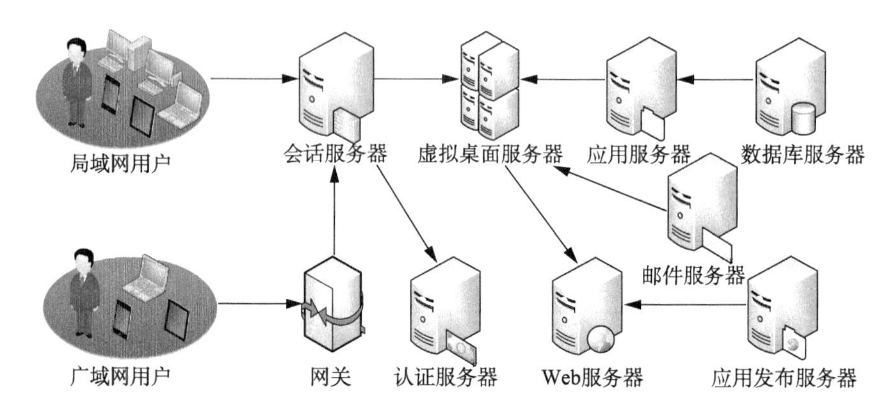


**图 2-2　虚拟政务桌面逻辑部署**

虚拟政务桌面主要以满足政务办公需求为目标，其功能结构如图 2-3 所示，主要功能包括安全在线办公、安全通信、政务信息资源垂直搜索、安全邮件，以及安全管理。

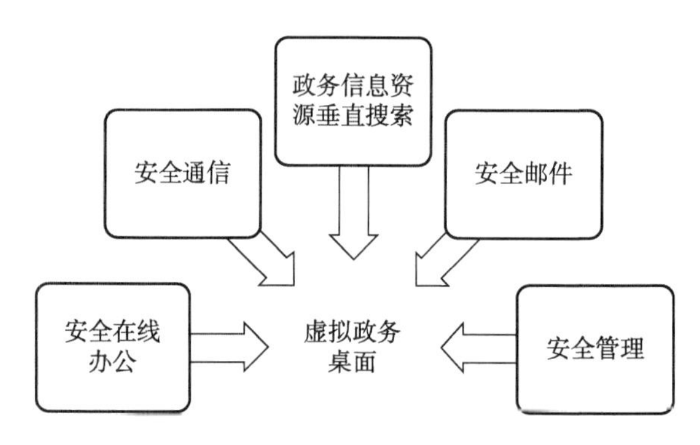


**图 2-3　虚拟政务桌面功能结构**

（1）安全在线办公主要提供在线文档编辑、公文模板库、办公流转等功能，实现随时随地安全移动办公。

（2）安全通信主要提供实时安全在线交流、语音通话、视频通信、文件传输、政府信息推送和离线文件存储等功能。

（3）政务信息资源垂直搜索主要构造政务信息资源库，收集政府文件，政府信息公开信息、办事信息等，提供政务信息资源关键字搜索、分类搜索、办事指南等政府对外公开信息服务。

（4）安全邮件主要在普通邮件的基础上增加数字签名、邮件内容加密功能、增强垃圾邮件过滤和病毒扫描功能。

（5）安全管理主要提供虚拟机用户注册管理、安全策略配置、远程运维管理等功能。

## 2.4　研究虚拟化移动办公技术的意义

虚拟政务桌面是以虚拟桌面技术为核心，以政务移动办公和政务服务为内容的，多种技术综合运用的，多重安全保障的一整套虚拟桌面解决方案。它提供便捷的访问方式，在线桌面应用模式，统一集中的桌面管理，以及自底向上的安全保障，是云时代的电子政务应用发展的一个方向。虚拟政务桌面的合理应用有可能简化政务内外网的桌面环境。

（1）政务应用与数据统一云端管理，保障信息安全。

计算机终端在内网虚拟环境下硬盘关闭，U口（USB接口）、光驱等无任何数据留存，政务应用系统和用户数据统一存储在云端，统一安全管理，极大降低了内部人员通过终端泄密的可能性。

（2）独创前置客户机虚拟桌面技术，实现双网安全接入简化办公桌面。

计算机终端通过前置客户机T-Line与内外网连接，实现一台终端上两个网。内置继电器开关，当一条链路接通时，另一条链路的所有元器件不供电，满足物理隔离要求。切换到内网时，T-Line内置虚拟桌面客户端，支持用户及设备双认证，在接入层实现隔离，接通内网后利用虚拟桌面访问后台应用，数据不落地。T-Line复用计算机终端的显示屏和键盘鼠标等外设，不另外添加设备，节省空间与投资。切换到外网时，计算机终端直接访问外网，应用模式保持不变。

（3）虚拟桌面技术实现计算机终端零存储，不留密。

内网搭建虚拟桌面应用支撑平台，所有应用和用户数据文件全部存储在后台数据中心，对数据和文件的访问和操作都通过T-Line中的虚拟客户端进行，前端只显示图像，并不传输实际数据文件。用户连接到虚拟桌面后，T-Line 内部存储只读、不可写，与之相连的计算机终端只有显示和键盘鼠标功能，本地硬盘关闭，外部接口全部被屏蔽，真正做到了内网模式下的终端零存储，不存在任何数据留存。

（4）集中管理和部署资源，提高 IT 管理效率。

内网实现虚拟化后，原来完整的内网计算机终端简化为后台虚拟桌面，不需要再进行终端软硬件安装、升级等维护工作。虚拟桌面运行环境由管理员统一部署，所有业务应用由管理员统一管理，发布给用户使用，安全策略可以快速部署到每台虚拟机，不需运维和安全管理数量众多、位置广泛的内网终端，IT 部门只负责外网终端和服务器，并且内网业务升级与终端无关，减轻了 IT 部门 50%以上的终端管理压力，IT 运维管理效率大大提高。

（5）保持用户原有使用体验，提供特色应用。

采用最新的虚拟桌面技术，保留了和传统政务双网办公一致的用户使用体验，并且结合市场上流行的云桌面软件的特点，开发了一套虚拟环境下的桌面应用，如常用工具、公文模板、文献搜索、音频、视频等，为用户提供应用的个性化定制。

（6）缩减 IT 总成本，绿色低碳节能。

从 IT 总成本角度，本方案采用前置客户机虚拟化技术将内外网两台计算终端和两套外设减化为利用原有 1 台计算机终端配 1 台前置客户机、一套外设，即可实现双网安全办公，且内网安全管理及运维成本大大降低；同时，由于前置客户机利用 USB 口供电，无须外接电源，无须散热，能耗仅 5W，相比终端可节电近 50%，用户规模越大，节能减排效益越明显。

移动办公是信息化发展的必然趋势，在云计算和大数据支撑业务整合和共享的时代背景下，各行业和各单位应大力发展移动信息化，更要进一步扩展移动业务应用的深度和广度，特别是要积极采用符合国家移动政务安全技术规范标准的解决方案，依据国标要求开展移动办公系统的建设、产品开发、测试评价和服务管理工作，同时标准也要适应技术和管理创新发展的需要，逐步进行修订和完善。这次疫情让我们认识到移动办公的重要性和必要性，希望经过这次防疫战，好的移动办公模式可以作为经验和成果保留下来，变成常态。下一步，各领域各地方的移动办公基本设施建设应当受到重视和加快。

## 2.5　本章小结

本章主要以政务办公为例向读者介绍了政务移动办公的现状和存在的问题，利用虚拟化技术解决桌面环境化繁为简、加强终端数据安全和办公安全管理的原理、需求和实现方式。本章重点介绍了虚拟政务桌面系统的技术架构、逻辑部署和功能结构，最后介绍了研究虚拟化移动办公技术在安全保障、运维管理、用户体验和节能减排等方面具有的意义和应用价值。

第3章

# 体验GDesk

本章主要带领读者体验 GDesk 虚拟桌面系统工作流程，包括系统的前端和后台的部署，用户访问桌面体验前的准备工作，桌面系统启动，用户登录内网后的操作交互，使读者能够了解什么是虚拟桌面，虚拟桌面是怎么工作的。

本 章 导 读

- 系统部署
- 准备工作
- 系统启动
- 内网操作

## 3.1 系统部署

GDesk 系统主要是由用户端的前置客户机（T-Line）和后台的虚拟桌面系统（G-Cloud）两个子系统组成，前后端子系统配合起来工作。前端 T-Line 是采用 ARM 架构，内嵌 Linux 系统，能够通过单 USB 口供电的低功耗的虚拟桌面接入设备。后台 G-Cloud 系统是为整个桌面系统提供虚拟桌面和应用管理的平台，支持桌面应用的运行，分配和回收物理资源。在内外双网办公场景下，前端 T-Line 配合用户一台笔记本，通过高效的远程传输协议连接远端虚拟桌面，通过开关控制内外网连接状态，进行内外网访问，在接入器内部结构上，内外网完全物理隔离，设备自身拥有数字证书标识设备合法身份，内嵌多种客户端程序，提供认证和远程桌面连接等功能。

## 3.2 准备工作

### 3.2.1 T-Line 安装部署

GDesk 系统分为前端和后台虚拟桌面系统。对于桌面用户来说，最直接和最关心的是桌面前端的操作体验，即使用虚拟桌面与传统的方式——本机系统、本机应用操作有什么不同。传统的计算机桌面启动，只需要启动电源，引导本机的 Windows 系统，而 GDesk 系统中，需要一个中间“媒介设备”，也是用户前端最重要的设备，前置客户机 T-Line，它是连通远程虚拟桌面和用户之间的桥梁。

用户端 T-Line 作为最重要的虚拟桌面接入设备，它是什么样的？它是如何工作的？它为什么叫作 T-Line 呢？带着这样的疑问，我们来正式地认识 T-Line。

前置客户机外形上是一个方形的小盒子（图 3-1）。作为连接用户计算和后台虚拟桌面的核心设备，它功能强大，结构简单。它功能类似于瘦客户机，部署在用户端，集成了虚拟桌面的连接客户端，外部拥有 4 个插口，分别为内网网口、外网网口、USB Key 插口和 Micro USB 口，分别用来接入网线、USB Key 和电源线——USB 通信线缆（图 3-2）。

**图 3-1　T-Line 设备外观**

**图 3-2　USB 通信线缆**

### 3.2.1.1　硬件功能说明

（1）内网网口。文字标识为 intranet，颜色标识红色，RJ45 标准以太网网线插口，插入内网网线。

（2）内网状态指示灯。红色状态灯长亮，表示内网网络接通；红色状态灯长亮，表示有内网数据传输。

（3）外网网口。文字标识为 internet，颜色标识蓝色，RJ45 标准以太网网线插口，插入外网网线。

（4）外网状态指示灯。蓝色状态灯长亮，表示外网网络接通；蓝色状态灯长亮，表示有外网数据传输。

（5）用户 Key USB 插口。标准的 USB 插口，在内网状态下，插入用户的 USB Key，读取用户证书信息。

（6）用户 Key 使用状态指示灯。绿色状态灯闪烁，表示用户 Key 工作正常。

（7）Micro USB 插口。通过 USB 线缆连接用户计算机，为 T-Line 供电和数据通信。

（8）电源状态指示灯。绿的状态灯闪烁，表示 T-Line 固件工作正常，设备连接正常。

如图 3-3 所示为各接口说明。

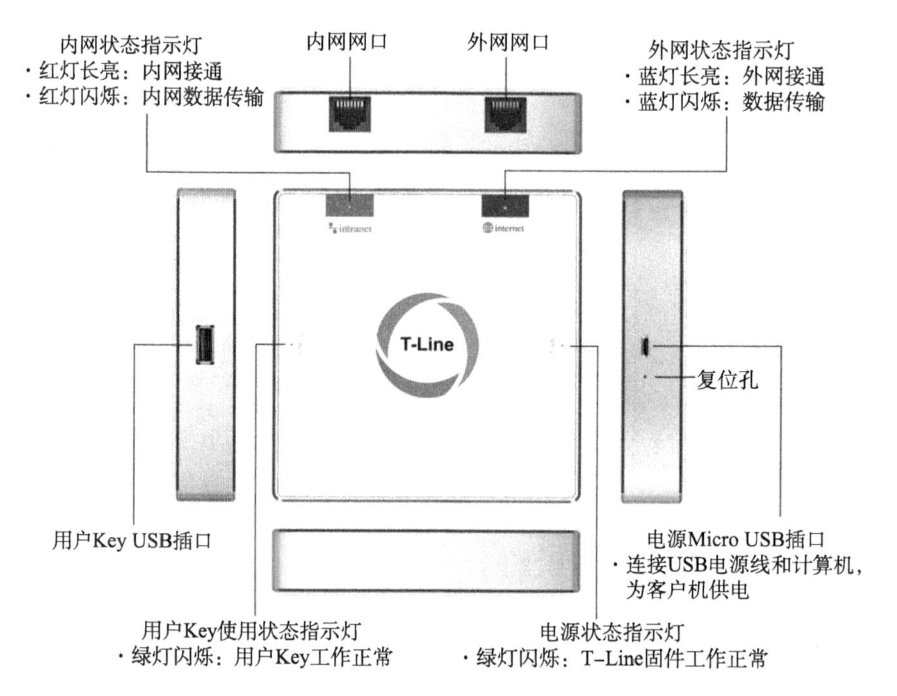


**图 3-3　接口说明**

### 3.2.1.2　硬件部署安装

T-Line 在打开包装后，需要进行安装和接线，不同的硬件插口需要接入特定的线缆或者外设，具体步骤如下所示。

步骤一：分别将内网和外网网线插入相应的网线插口（图 3-4）红色口插入内网线，蓝色口插入外网线。

图 3-4　RJ45 网线接口

步骤二：如果存在数字证书接入认证系统，插入用户身份 U-Key（图 3-5），没有，此步骤则可以省略。

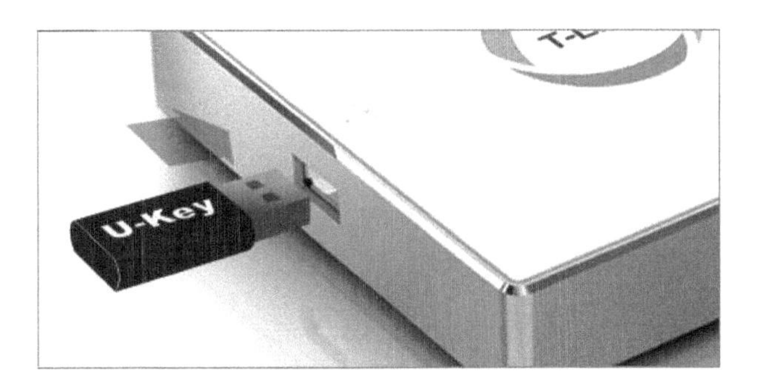


图 3-5　用户 USBKey 接口

步骤三：将电源 USB 线小口插入 Micro USB 插口，标准口插入计算机的 USB 插口，由此完成 T-Line 在用户端的安装，如图 3-6 所示。

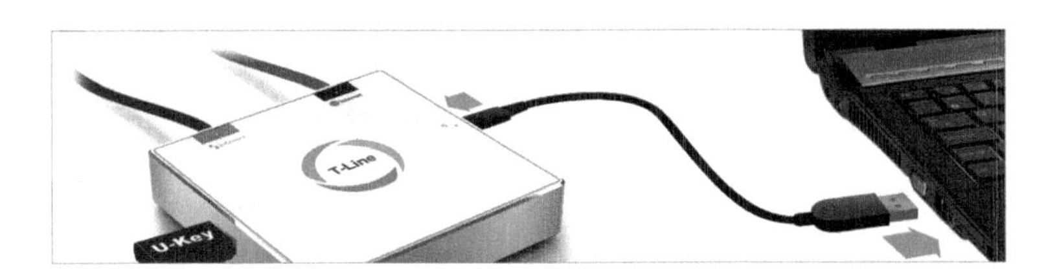


图 3-6　USB 连接线缆

步骤四：最后，将 USB 通信线缆连接到 T-Line 和用户计算上，实现 T-Line 的供电和双方数据通信，至此 T-Line 安装完毕，下面就可以准备桌面登录、连接和应用展示。

### 3.2.2 前端设备准备

T-Line 是通过 USB 线与用户计算机相连的，由计算机进行供电，T-Line 内部拥有定制版的 Linux 系统，需要在计算机系统引导时通过 USB 口进行加载启动，所以调整 BOIS 中的系统引导顺序，首次安装 T-Line 时，需要在系统启动前进入用户计算机的【BIOS】界面，并将系统引导首选项修改为 USB 口启动。不同品牌的计算机设置进入 BIOS 的方式有所不同，具体情况根据计算机启动时的提示进行操作，以下是以联想笔记本计算机为例的操作步骤。

（1）启动计算机电源后，长按【F2】键，进入【BIOS】界面（图 3-7），对于不同品牌的计算机，进入【BIOS】的快捷键存在差异，一般为【F1】键、【F2】键或者【F12】键等，可以根据计算机的提示进行选择，或者参考计算机屏幕提示。

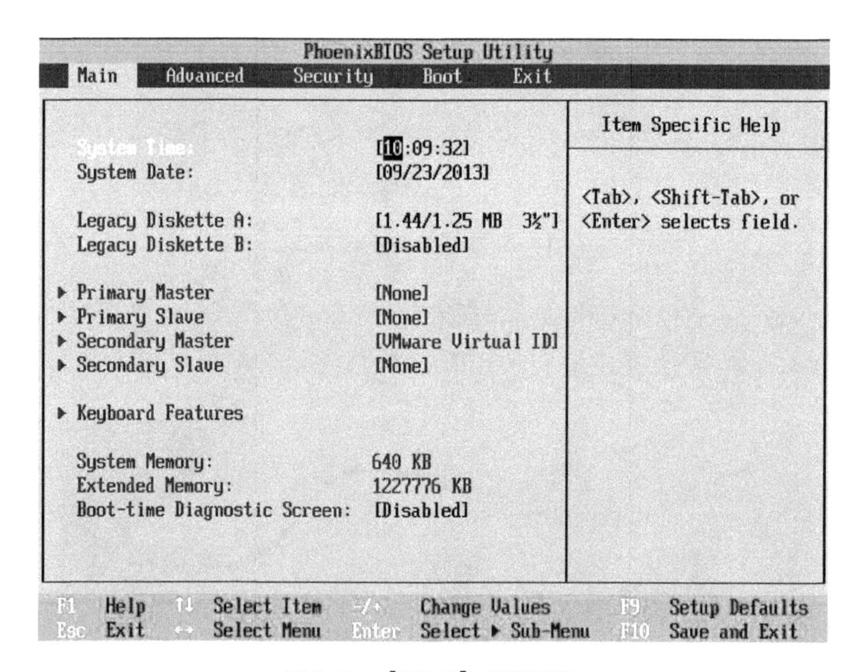


图 3-7 【BIOS】配置界面

（2）通过按【←】或【→】键，选择【Boot】选项，再通过按【↑】

或【↓】键，选择【Removable Devices】选项，再通过按【+】或【-】键，将【Removable Devices】调整到所有选项的最上方（具体的操作可以根据右侧的英文提示进行），如图 3-8 所示。

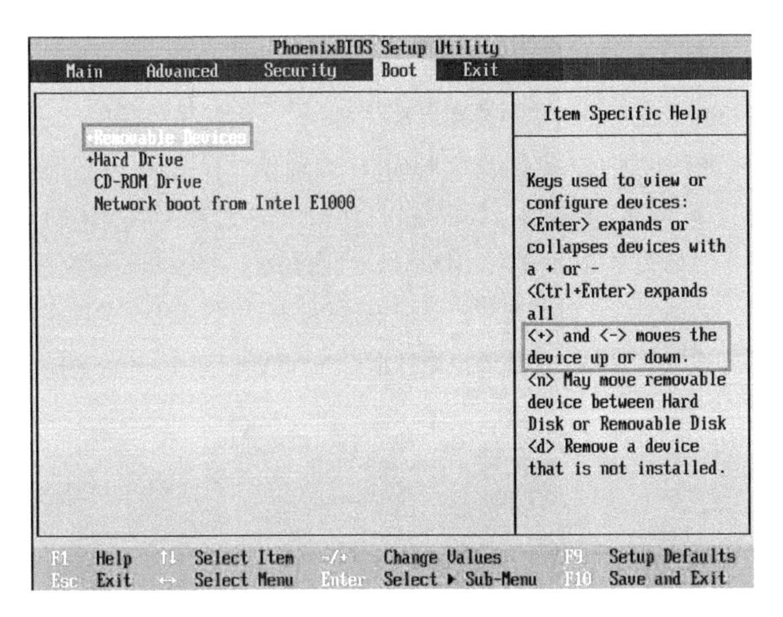


**图 3-8　启动首选项配置界面**

（3）系统引导顺序设置完成后，按【F10】键，在弹出对话框中，通过按【←】【→】，选择【Yes】（图 3-9），并按【Enter】键确认。BIOS 系统引导设置完成，计算机自动重新启动。

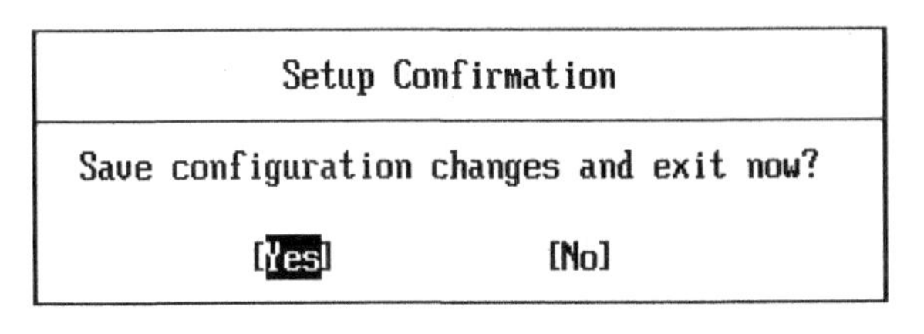


**图 3-9　配置保存界面**

经过上两节的准备，我们就完成了用户端的部署工作，即完成了 GDesk 体验的前端准备工作。万事俱备，只待正式出发，我们马上就要见到 GDesk 桌面的庐山真面目了。

# 3.3 系统启动

## 3.3.1 连接外网

用户在系统引导过程中选择启动“外网”，也就是启动用户计算机的Windows系统，进入大家熟悉的Windows启动界面（图3-10），输入计算机口令登录Windows桌面，展现在用户面前的就是经典的Windows桌面，和大家平时的使用完全一样，用户可以自由创建、修改和删除文件，接通互联网，访问网页，浏览图片，观看视频以及在线聊天等，此时的T-Line完全可以透明的，不会对你的桌面操作产生任何影响。

**图3-10　启动外网Windows系统**

## 3.3.2 连接内网

用户在系统引导过程中选择启动“内网”，一般情况下默认启动内网，此时本机的Windows系统不能启动，而是引导T-Line中的定制版Linux系统，此后展现在用户面前不再是熟悉的Windows经典登录界面，而是一个正式为用户开启崭新、陌生的虚拟桌面体验之旅的界面，GDesk桌面系统登录界面。

#### 3.3.2.1 系统引导

进入内外网系统选择界面，通过按【←】或【→】键，选择【内网】或者【外网】，如图 3-11 所示。

图 3-11 内外网选择界面

#### 3.3.2.2 用户登录参数设置

前置客户机启动之后，展现在大家面前的就不是大家熟悉的 Windows 经典登录界面，而是属于 GDesk 的登录界面（图 3-12），T-Line 登录界面功能描述如下。

①【配置】：首次安装 T-Line，需要进行 IP 配置，使用鼠标单击该按钮，弹出配置对话框。

②【网络状态】：显示 T-Line 到后台云桌面的服务器的网络是否通达。显示【正常】为网络通；显示【异常】为网络不通。

③【用户名】：证书模式下，用户无须输入；口令模式下，用户自行输入。

④【口令】：用户自行输入，初始口令为 1234。

⑤【刷新】：单击该按钮，能够测试 T-Line 到云服务器的网络是否通达。

⑥【登录】：在用户名和口令都不为空的情况下，使用鼠标单击该按钮，开始云桌面登录过程。

⑦【重启】：使用鼠标单击该按钮，T-Line 和用户计算机重新启动。

图 3-12　GDesk 登录配置界面

⑧【关机】：使用鼠标单击该按钮，T-Line 和用户计算机关闭。

#### 3.3.2.3　登录配置

T-Line 作为 GDesk 系统用户前端设备，是桌面用户端的核心，它需要和远端的虚拟桌面会话管理中心进行通信，帮助用户连接后台虚拟桌面，实现用户和后台桌面应用的操作交互。要和后台通信，就需要知道后台桌面会话管理中心在哪里，也就是它的 IP 地址。如果需要增加设备和用户的认证模块，就需要配置接入认证网关的 IP 地址。总之，在 T-Line 配置界面上的所有的网络参数是与用户实际的 GDesk 的网络环境相关的。如图 3-13 所示为 GDesk 参数配置界面。

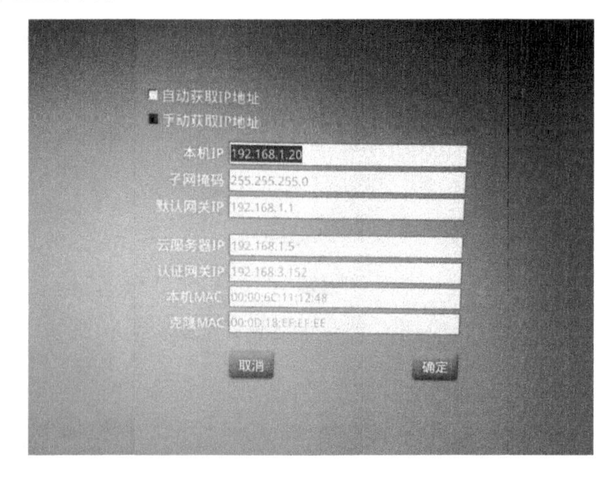


图 3-13　GDesk 参数配置界面

具体的参数设置说明如下。

①【自动获取 IP 地址】：如果用户网络支持 DCHP 功能，可以选择该项，具体可根据自己实际使用环境设置。

②【手动获取 IP 地址】：手动设置用户的 IP 地址，子网掩码和默认网关 IP 形式都为 192. 168. x. x（x 的取值范围是 0~255）。

③【云服务器 IP】：由云桌面管理员提供，用户自行配置，并且必须配置。

④【认证网关 IP】：证书模式下，即插入用户 USB Key，必须填写，由云桌面管理员提供；口令模式下，即无用户 USB Key，无须填写。

⑤【本机 MAC】：显示 T-Line 设备内网卡的 MAC 地址。

#### 3.3.2.4　桌面连接

在登录界面输入用户名和口令后，使用鼠标单击登录按钮，开始进行远程桌面的连接，如图 3-14 所示。此过程进行用户桌面会话的建立，桌面配置和应用列表的加载。

图 3-14　桌面会话连接

#### 3.3.2.5　应用桌面展示

远程桌面会话连接建立完成后，用户自行选定的应用列表会显示在桌面上（图 3-15），用户可根据需要使用鼠标双击【应用图标】，打开相关应用。

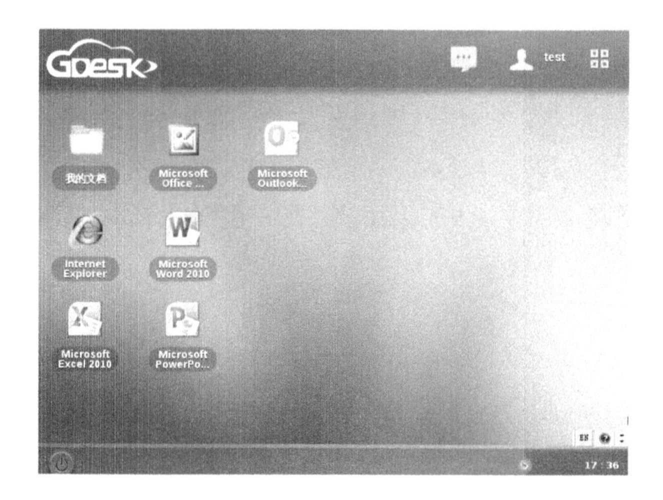


图 3-15 GDesk 桌面应用列表展示

#### 3.3.2.6 应用商店

使用鼠标单击【我的应用】，在下拉列表中会显示用户所拥有的所有应用的列表，用户可以根据自己的需求使用鼠标单击【+】进行勾选，也可以单击【√】对已勾选的应用进行取消。若应用比较多时，用户还可以通过【搜索】，快速地找到需要的应用，如图 3-16 所示为应用商店界面。

图 3-16 应用商店展示

使用鼠标单击【申请应用】，在下拉列表中会显示未分配给用户的所有应用，用户可以根据自己的需求使用鼠标单击【申请】按钮。用户的应用申请信息会在应用管理台进行显示，当管理员通过用户的申请，并将应用分配给用户后，用户所需应用就显示在【我的应用】列表中。

#### 3.3.2.7　密码修改

使用鼠标单击【密码修改】按钮，显示出【密码修改】的对话框（图 3-17），用户可以对桌面登录密码进行修改。

**图 3-17　桌面口令修改**

#### 3.3.2.8　桌面注销

在用户结束桌面的使用时，需要使用鼠标单击桌面左下角的【注销】按钮，桌面会弹出注销对话框，提示用户是否真的需要注销桌面（图 3-18），用户可以根据需要选择【注销】命令和【取消】命令，同时注意保存好正在打开和编辑的文件。桌面注销后，用户打开的应用关闭，桌面会话注销，占用的物理资源也会被回收重新分配，桌面连接断开。

## 3.4　内网操作

经过前面的一系列的准备工作之后，接下来就正式进入 GDesk 桌面的

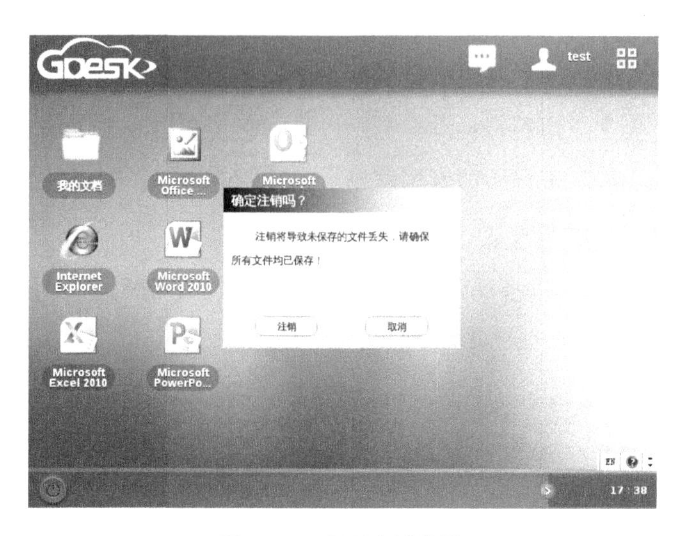


图 3-18　桌面会话注销

体验之旅，用户通过用户名验证登录桌面后，GDesk 的桌面就正式地展现在大家的面前。

考虑到用户的使用习惯问题，GDesk 桌面的布局展现和 Windows 系统布局形式比较相似，用户日常办公需求的应用展现在桌面上，如 Office 系列办公软件、IE 浏览器等。用户需要使用软件时只需要使用鼠标单击相应的应用图标即可，操作方式和 Windows 完全一样，完全不会觉得有任何不习惯。用户打开的应用会显示在桌面下方的任务栏上，表示当前处于被激活状态。用户可以进行不同应用之间的切换。这些打开的应用都是运行在远端服务器上的，所以只要用户没有主动关闭或者进行桌面注销，这些应用就不会关闭，当网络出现异常断开时，用户正在使用的应用也不会异常关闭。

### 3.4.1　登录办公网站

很多单位内部都有内部办公协同的网站，一般为 B/S 结构，用户通过浏览器就能登录到相关的办公网站，进行日常的办公流程处理，如单位内部新闻浏览发布，签报申请和审批，内网邮件、内网附件等。使用 GDesk 桌面时，通过打开桌面上的 IE 浏览器，用户键入相应办公网站的 URL 地址，就能访问相应的办公网站（图 3-19），进行办公流程的处理，加载相应的网页插件。

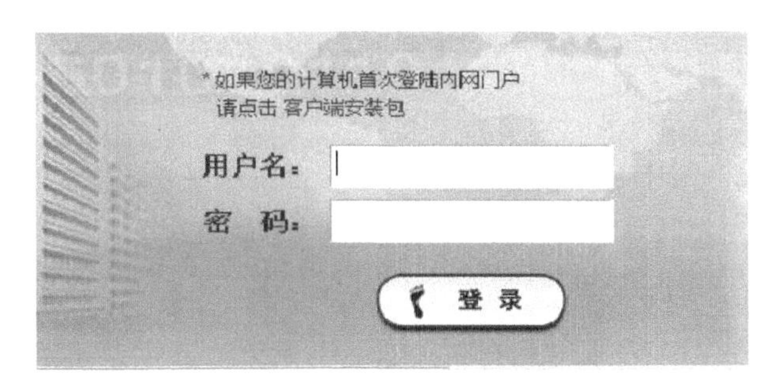


图 3-19　登录办公网站

## 3.4.2　编辑文件

通过打开桌面上的 Office 办公软件图标，如 Word、Excel 等日常办公使用的文档编辑软件，就能够打开 Word 软件进行文档编辑修改和保存（图 3-20），以及进行 Excel 的图标编辑和保存（图 3-21），并且用户编辑后的文件都会保存在用户独享的云盘上，无论用户在何终端，何时何地登录到桌面系统，都能够访问到自己的云盘，编辑和修改文件。不同文件之间可以通过任务栏进行快速切换，具体操作和传统的本机操作一样，不存在任何操作上的不适应。

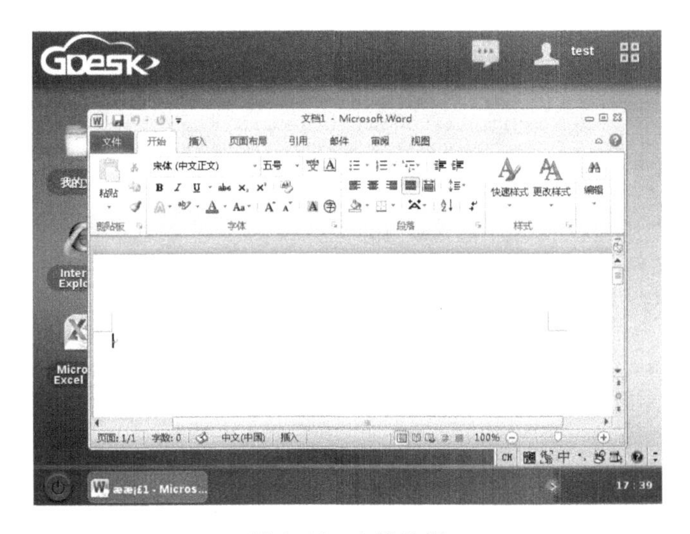


图 3-20　文档编辑

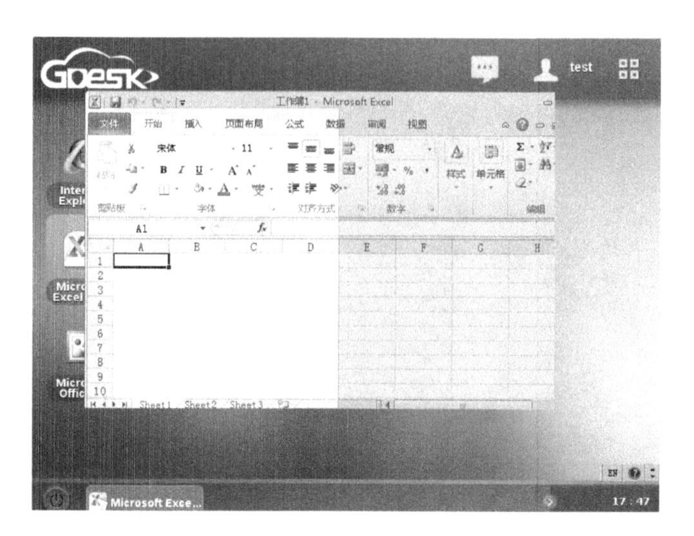


**图 3-21　启动 Excel 编辑文档**

## 3.5　本章小结

本章主要是让读者初步认识 GDesk 系统，它有哪些重要的子系统，各自系统的有哪些主要功能，在体验 GDesk 桌面前需要做哪些准备工作。本章向读者展示前置客户机 T-Line 外观，介绍硬件功能，在用户端如何安装部署，和用户计算机如何配合工作。本章重点介绍如何进行内网和外网的双网选择切换，登录连接内网虚拟桌面后远端桌面的桌面界面风格和功能展示，桌面应用展示和使用介绍，登录内网 OA 系统，启动 Word 和 Excel 软件编辑文档等。

第4章

# 总体技术架构

第 3 章向读者介绍了 GDesk 系统，使读者对 GDesk 系统有了初步认识，进行了一次虚拟桌面体验之旅，了解了 GDesk 系统的工作流程和界面功能。本章主要介绍 GDesk 系统的总体技术架构，在技术层面上为读者展示系统的逻辑结构、子系统组成和功能组成，使读者能够透过系统前端深入其内部，认识其精髓。

本 章 导 读

- 系统总体结构介绍
- 系统功能介绍
- 前置客户机介绍
- 虚拟化平台介绍
- 政务应用平台介绍
- 安全管理平台介绍

## 4.1 系统总体结构

政务安全虚拟桌面系统作为一个完整的虚拟化信息系统，也是一套支持政务双网办公安全访问的解决方案。它由多个子系统按照功能逻辑耦合在一起，各子系统之间相互协调、相互配合工作，形成完整、统一、安全的虚拟桌面系统，在最大化地保证用户原有的桌面使用习惯前提下，支持政府企事业单位的日常办公应用需求。

政务安全虚拟桌面系统共由四个子系统组成，分别是前置客户机（T-Line），虚拟化支撑平台（G-Cloud），桌面应用平台（G-App）和安全管理平台（G-SMP），如图 4.1 所示。

各子系统的功能分别介绍如下。

（1）T-Line。桌面访问的前置硬件终端设备，配合用户计算机能够实现远程虚拟桌面和本机系统的分时访问，是连接用户和桌面核心设备，安全可靠低功耗。

（2）G-Cloud。虚拟桌面的核心系统，提供硬件的虚拟化管理，以及应用软件的虚拟化，配合前置客户机，通过高效的远程传输协议实现用户和桌面之间的交互。

（3）G-App。政务办公应用平台，办公应用的资源库集合，能够提供各种资源库的 B/S 应用，以及即时通信软件。

（4）G-SMP。虚拟桌面系统实现了用户桌面远端的访问和数据的集中存储，将以前用户端安全风险转移到了数据中心端，安全就成了虚拟桌面系统能够发展和推广的决定性因素，安全管理平台针对虚拟桌面集中式的特点，保护整个桌面系统前端和后台系统安全。

如图 4-1 所示，政务安全虚拟桌面系统作为一套独立的信息系统，既能够不依赖其他的业务系统独立运行，提供其自身的桌面功能访问，也能够和数据中心已有的业务系统有机地结合起来，并入到现存的网络拓扑中，而且还不会对原有的业务系统产生影响，原有业务系统部署结构和运行逻辑保持原样。

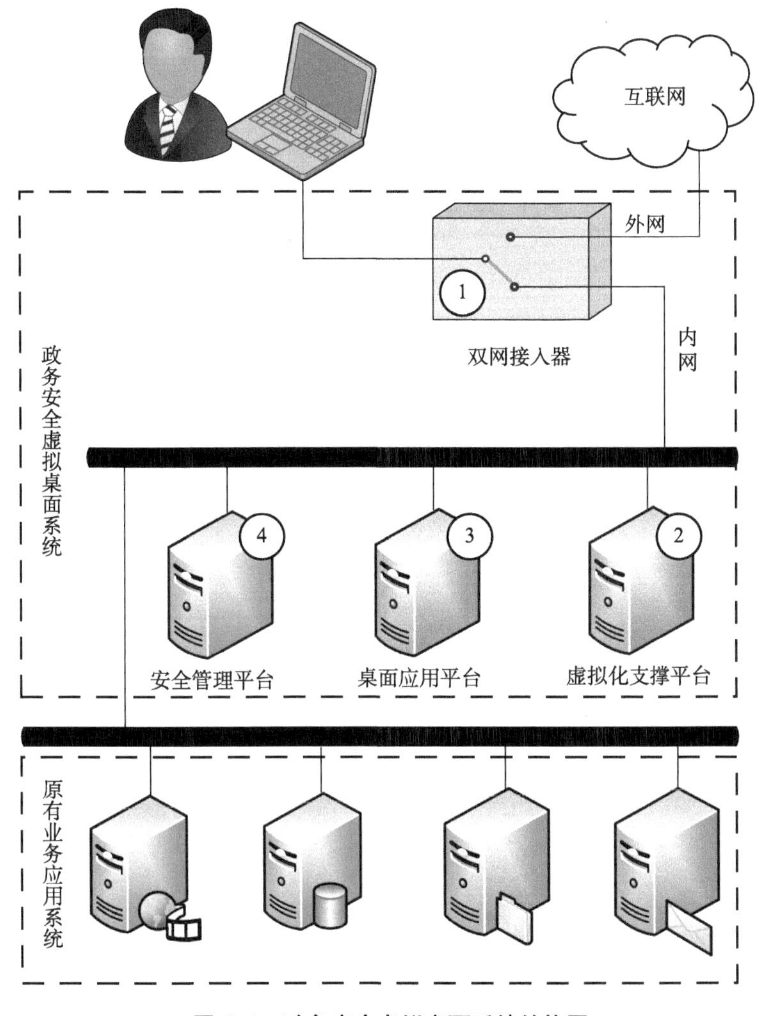


**图 4-1　政务安全虚拟桌面系统结构图**

① T-Line；② G-Cloud；③ G-App；④ G-SMP

## 4.2 系统功能

政务安全虚拟桌面系统在架构上分为四个功能子系统，功能上以虚拟化支撑平台为核心，提供最为核心的虚拟桌面服务，其他三个子系统作为整个系统不可或缺的重要部分，对整个虚拟化桌面系统进行安全上的保障，交互上的协助，内容上的丰富，使得桌面用户能够顺利安全地访问内外网的桌面系统，满足用户的日常办公需求。根据各个子系统在整个桌面系统中具有的逻辑位置和功能特点，四个子系统平台划分了不同功能模块，每个模块下又细分了主要的特色功能模块，系统功能具体如图 4-2 所示。

| 前置客户机 | 虚拟化支撑平台 | 桌面应用平台 | 安全管理平台 |
|---|---|---|---|
| 系统控制 | 系统管理 | 特色应用 | 认证 |
| 引导控制 | 会话管理 | 公文模板库 | 用户认证 |
| 开关控制 | 用户管理 | 文献库 | 设备认证 |
| 驱动控制 | 应用管理 | 视频库 | 安全状态监测 |
| 客户端集成 | 域控管理 | 音频库 | 桌面防病毒 |
| 桌面连接客户端 | 域用户管理 | 应用库 | 安全配置 |
| 认证客户端 | 域策略管理 | 即时通 | 安全审计 |
| 第三方客户端兼容 | 应用服务 | 后台管理 | 数据安全 |
| 外部接口 | 应用代理 | 用户管理 | 数据加密 |
| USB Key接口 | 应用共享 | 资源管理 | 数据隔离 |
| 以太网接口 | 应用隔离 | 即时通管理 | 数据备份/恢复 |
| 通信U口 | 存储服务 | | |
| | 存储分配 | | |
| | 集中存储 | | |

**图 4-2　四个子系统系统功能**

## 4.3 前置客户机介绍

### 4.3.1 功能简介

前置客户机（T-Line）是连接远程虚拟桌面的用户端的硬件终端设

备，采用 ARM 架构，内嵌定制版安全可控的 Linux 系统，前置客户机充分地利用与其连接的计算机终端的计算和内存资源，从而降低自身的功耗，能够实现单 USB 口供电。在内外双网办公场景下，前置客户机的特点尤为突出，能够配合用户一台笔记本和远端虚拟桌面技术，通过开关控制内外网连接状态，实现内外网分时访问，在接入器内部结构上，内外网完全物理隔离；内嵌多种客户端程序，提供认证和桌面连接等功能；同时，设备自身提供必要可控的硬件接口，既能为设备通信和认证 key 数字提供接口，又能减少通过外设接口泄密的风险。如图 4-3 所示为 T-Line 工作示意图。

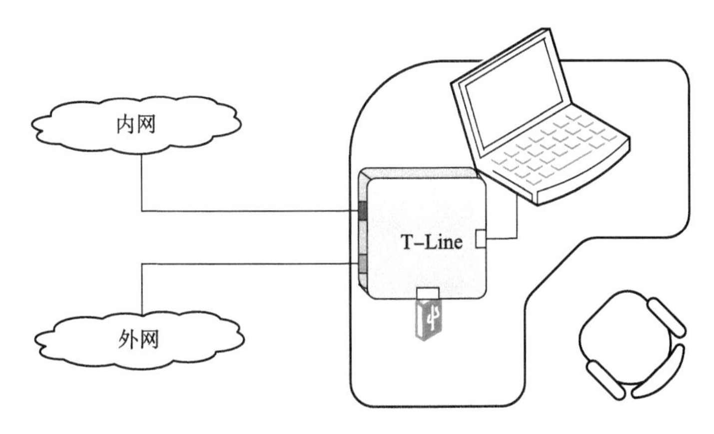


**图 4-3　T-Line 工作示意图**

## 4.3.2　系统控制

前置客户机具有桌面引导、开关控制和驱动控制三方面的控制功能，分别介绍如下。

（1）桌面引导。

用户计算机启动时，BIOS 引导加载桌面启动引导程序替换计算机原有的引导程序，通过用户选择，引导用户启动“内网”或者“外网”桌面系统。

（2）开关控制。

前置客户机具有两类开关，一是内外网选择开关，根据用户选择控制网络连接状态，同一时间只能有一个网络处于接通状态，若要接通另一个网络，需要重启计算机进行选择，保证了内外网的隔离；二是各外部接口开关，控制各接口挂载，减少不必要的能耗，防止信息泄露。

（3）驱动控制。

内部 USB 接口和以太网接口驱动控制，用户和设备 USB Key 的识别和加载，证书信息的读取，以太网和 USB 数据之间的转化，保证桌面数据和用户指令能够顺利传输。

### 4.3.3 内置客户端软件

前置客户机中预装如下客户端软件，分别完成桌面连接功能和用户认证功能。

（1）桌面连接客户端。

虚拟桌面的前端客户端程序与虚拟桌面和应用交互，传递前端用户输入输出指令到后台，传输后台桌面图像增量信息到用户计算机屏幕，完成用户和桌面之间交互。

（2）认证客户端。

能够调用 USB Key 的标准接口，读取 Key 中的用户和设备数字证书信息，通过认证网关对用户和设备进行安全接入认证，保证接入内网虚拟桌面的用户和设备是安全的。

（3）其他客户端兼容。

兼容第三方的桌面连接客户端程序，如 VMware、Citrix 和微软的 RDP 等的桌面客户端程序，或者根据需要移植其他功能的客户端程序，具有较强的程序兼容性和扩展性。

### 4.3.4 外部接口

前置客户机主要提供如下三种外部接口。

（1）USB Key 接口。

分为用户 USB Key 接口和设备 USB Key 接口。用户 USB Key 接口可直接插入用户 USB Key，设备 USB Key 接口内置，外部不可见。内网模式下，用户和设备 USB Key 接口作为专用接口，只能识别 USB Key；外网模式下，用户接口可以作为普通 USB 口使用，设备接口不可用。

（2）以太网接口。

以太网接口为内外网物理网络线缆接口，设计上采用标准的 RJ45 接口。用户的网线可以直接插入。

（3）通信 USB 接口。

通过 USB 线缆和用户计算机的 USB 口（简称U口）相连，用于 T-Line 内部程序加载到用户计算机中，传输用户和桌面之间的数据交互通信。

在整个系统中，与前置客户机直接相关的部分为用户计算机、接入认证网关和虚拟化支撑平台。前置客户机通过 USB 线缆和用户的计算机 U 口相连，用户内外网数据都通过 U 口交互，接入器内的各客户端程序都是加载到用户计算机运行的。接通内网连接后，客户端控制程序调用认证客户端，读取用户和设备证书，通过接入认证网关进行认证。认证通过后，客户端控制程序调用桌面连接客户端，连接后台桌面系统，并将桌面画面显示在用户显示器上。

##  4.4　虚拟化支撑平台介绍

### 4.4.1　功能简介

虚拟化支撑平台（G-Cloud）支撑整个虚拟桌面应用系统运行和管理，能够进行远程桌面连接，桌面操作和图像的传输，桌面用户的管理，桌面会话管理等。通过 Web 管理界面，管理用户信息和桌面应用发布，并提供相应的操作日志信息。用户所使用的应用软件都部署在应用服务器上，所有应用服务器上安装的应用形成应用资源池，能够支持 B/S 应用、C/S 应用和单机应用，桌面图像和用户操作都通过远程传输协议进行访问使用。如图 4-4 所示为 G-Cloud 组成。

### 4.4.2　桌面比较

虚拟桌面访问模式下和传统的桌面访问模式下，应用的部署、访问和维护存在明显的区别，用户所有的应用操作都脱离本地计算机，全部运行在远端服务器上，服务器的所有应用 B/S、C/S 和单机应用共同构成应用资源池，用户的所有应用访问都是通过桌面会话进行管理，系统自行管理应用资源的回收。应用的维护和更新在后台统一进行，前端用户无法感

知，避免了用户的误操作给 IT 人员带来额外的工作量。而传统的桌面访问情况，用户的应用自行部署、更新和维护，一切操作全在本机进行。

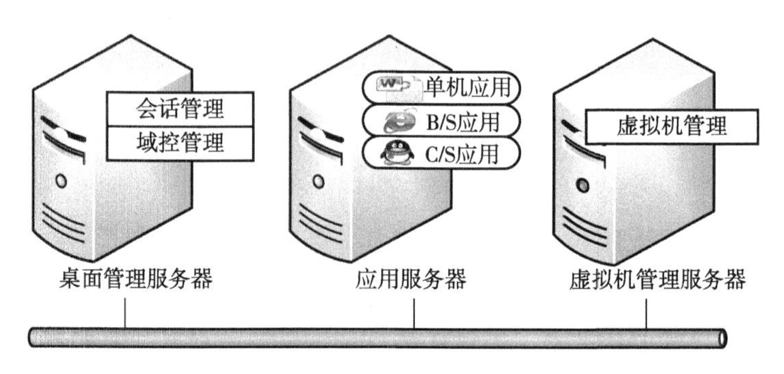


**图 4-4　G-Cloud 组成**

（1）传统桌面访问模式。

在传统的桌面访问模式下，用户的桌面应用和数据都存在本地，用户的桌面操作也都在本地进行，由用户自行维护和管理，应用的交互都是在本地计算机进行的，所需要的系统和计算资源都是本地计算机提供的，如图 4-5 所示。

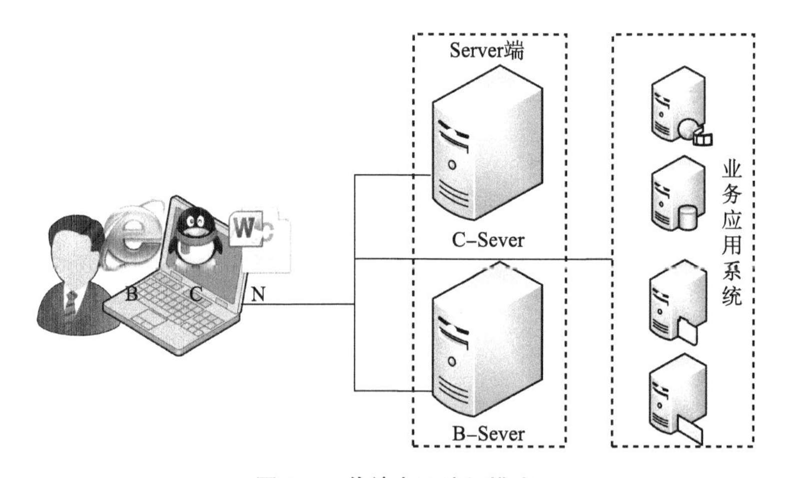


**图 4-5　传统桌面访问模式**

在传统桌面访问模式下，三种应用都是在本地计算机运行的，用户的访问三种应用的方式如下。

B/S 应用：用户在本地计算机上运行浏览器，通过 URL 地址访问后台服务器提供的服务。

C/S 应用：用户在本地计算机上运行 Client 的可执行程序，Client 和后台服务器通信，Client 实现相关的本地操作。

单机应用：用户在本地计算机上运行单机应用的可执行程序，应用没有后台 Server 端，所有的操作都是在自身程序内部实现的。

总之，在传统模式下，用户的应用都运行于本地计算机，由用户自行维护，每个用户独享一份应用。

（2）虚拟桌面模式。

虚拟桌面访问模式下，用户的桌面应用部署运行在远端桌面应用服务器上，用户的桌面操作都是通过远程传输协议和虚拟桌面支撑环境进行访问的，桌面应用由管理员统一维护和管理，应用的交互都是在应用服务器上进行的，所需要的系统和计算资源都是由应用服务器提供的，用户和应用的交互通过远程传输协议进行，如图 4-6 所示。

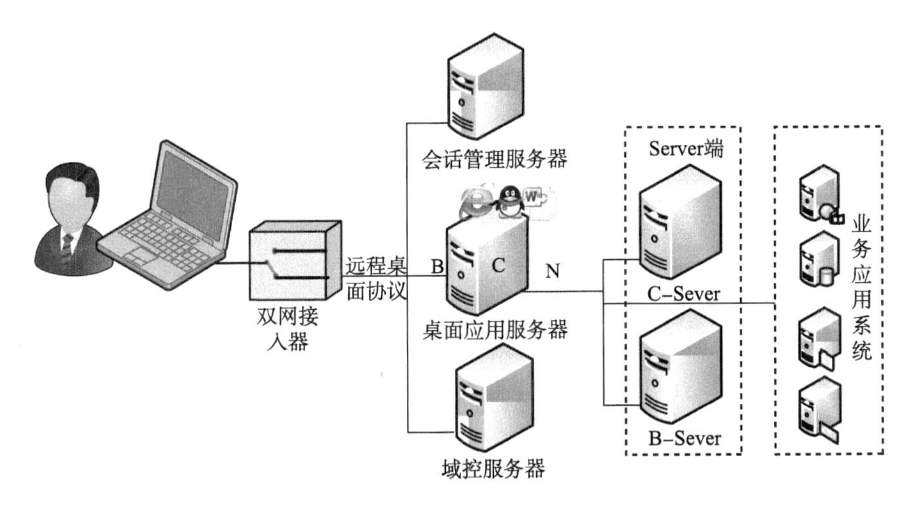


**图 4-6　虚拟桌面模式**

在虚拟桌面访问模式下，三种应用都是在远端应用服务器运行的，并且桌面用户共享应用，用户通过建立桌面会话，获得远程桌面的 Web 操作界面，展示用户所拥有的所有应用。如此前提下，用户的访问三种应用的方式如下。

B/S 应用：用户选择运行浏览器，用户的选择传到应用服务器上，在应用服务器上启动一个属于用户的浏览器进程，用户通过 URL 地址访问后台服务器提供的服务，画面通过远程传输协议显示给用户。

C/S 应用：用户选择运行 Client 可执行程序，用户的选择传到应用服务器上，在应用服务器上启动一个属于用户的 Client 进程，Client 和后台服务器通信，Client 实现相关的操作，画面通过远程传输协议显示给用户。

单机应用：用户选择运行单机应用可执行程序，用户的选择传到应用服务器上，在应用服务器上启动一个属于用户的单机应用进程，应用没有后台 Server 端，所有的操作都是在自身程序内部实现的。

总之，在虚拟桌面模式下，用户的应用都运行于应用服务器上的计算机，由管理员统一维护，桌面用户共享应用，每个桌面应用只独享应用的一个进程。

### 4.4.3 系统管理

虚拟化应用支撑平台的系统管理功能包括会话管理、用户管理和应用管理。

（1）会话管理。

管理用户整个桌面会话的建立过程和连接状态，获取应用列表信息，以 Web 界面形式展现用户桌面和应用列表。当用户使用桌面应用时，后台为用户分配应用服务器资源，用户退出桌面时，回收清理相关资源。

（2）用户管理。

管理整个桌面系统的用户信息，添加、删除、修改用户信息，管理用户组，能够对同一组内用户进行批量的应用关联，提高管理效率。同时，记录用户的桌面登录信息，如桌面会话 ID、登录时间、登录名、注销时间等信息。

（3）应用管理。

桌面系统中的应用构成应用资源池，所有桌面用户共享。应用管理能够管理应用资源池的所有应用，包括新应用的发布、应用删除和免安装的静态应用发布等，管理应用组信息，组内应用的添加、删除和修改，应用组和用户组的绑定等。

### 4.4.4 域控管理

虚拟化支撑平台的域控管理功能主要包括域用户管理和域用户策略管理。

（1）域用户管理。

虚拟桌面系统所有桌面用户和应用服务器都加入域，通过域控机制进行管理，如对用户和服务器进行域策略设置，管理域用户的文件信息，利用域的便捷性和安全机制。

（2）域用户策略管理。

设置域用户的策略，确保每个域用户访问桌面应用时逻辑隔离，每个用户只能访问自己的域文件夹，保证用户的域内桌面和文件访问的安全性。

### 4.4.5 应用服务

虚拟化支撑平台提供应用代理、应用共享和应用隔离三方面应用服务功能。

（1）应用代理。

代理客户端程序，部署在虚拟桌面系统的应用服务器上，能够收集应用服务器的负载信息和应用安装信息，为用户的应用资源分配提供依据，实现用户远端应用的调用，同时还能够为应用管理提供服务。

（2）应用共享。

应用服务器上的所有的应用共同组成应用资源池，由所有桌面用户共享使用，同一个应用可以多任务的方式提供给不同用户访问，实现了应用资源的多租户访问。

（3）应用隔离。

应用共享是以应用的隔离为前提的。应用在服务器上以各自标识的应用进程运行，各进程之间以多任务方式独立运行。虚拟桌面系统为每个用户建立一个远程桌面连接通道，用户的应用数据只在各自的通道内传输，用户通道之间各自独立互不干扰，这样就保证了应用的运行和数据交互的隔离。

### 4.4.6 存储服务

虚拟化支撑平台提供两种存储服务，分别是存储分配和集中存储。

（1）存储分配。

通过域文件夹形式，为每个用户在远端存储分配了一块属于自己的逻辑存储区域，用户所有数据和文件都保存在该区域内，而用户的本地磁盘不能写入任何数据文件，桌面用户通过配备前置客户机的计算机登录远程桌面，只能够看见自己的存储区域。

（2）集中存储。

用户的数据全部集中存放在远端数据中心的存储上，数据的安全性由数据中心的安全防护保障，并且用户的一切操作都在远端进行，本地计算机不会有任何数据残留。

##  4.5　桌面应用平台介绍

### 4.5.1　特色应用

桌面应用平台主要提供如下三类应用。

（1）办公应用。

平台集成多种 B/S 办公应用，如文献库（文献中心）、模板库（公文助手）、应用库（工具大全）等，为用户的内网办公和学习提供丰富的资源和帮助。文献中心提供信息科技、社会科学、经济与管理科学等专辑的期刊、硕博论文、会议、报纸等类别文献，并提供文献的初级检索、组合检索功能，支持用户内网环境下的在线搜索、阅读和下载。公文助手收录了种类丰富的公文模板，包括模板的示例和写作说明等。工具大全提供工具软件的下载服务。

（2）多媒体应用。

平台包括多种 B/S 多媒体应用，如视频库（影视空间）、音频库（音乐天地）和凤凰视频，丰富用户工作之余的时间。影视空间和音乐天地支持在线播放和下载收藏，后台用户自主管理，比如进行资源分类、更新、和删除等个性化操作。凤凰视频提供评论、财经、历史、文化、社会、访谈、资讯等类别凤凰视频频道的节目。

(3) 即时通信。

定制版即时通信软件支持本地化部署和应用，可供大量用户同时在线使用，支持文字、语音、图片、文件和视频等多种信息传递和交互方式，提高工作效率。

### 4.5.2　功能简介

桌面应用平台（G-App）包括两方面内容，桌面应用平台前端界面和后台管理端，核心是桌面应用平台程序，是一个框架性的应用程序，能够部署运行于桌面应用服务器和本地计算机上的 Windows 操作系统之上，功能结构如图 4-7 所示。在虚拟化桌面环境下，桌面应用平台前端界面被当作一个应用部署在应用服务器上，应用图标展现在 Web 桌面上。桌面平台集成专门开发的特色应用，如即时通信、浏览器、公文助手、工具大全、音影视空间等，方便日常办公和丰富内网资源，以及相应的库资源管理平台，管理和更新桌面平台应用和资源。

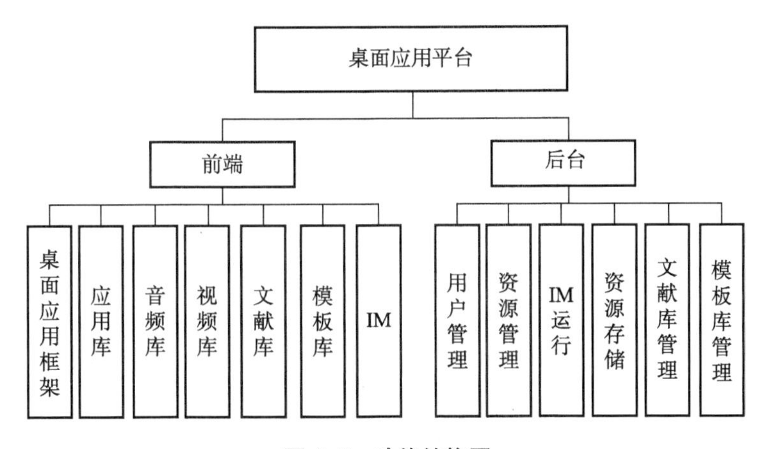


**图 4-7　功能结构图**

(1) 桌面应用平台前端的主要功能模块。

①桌面应用框架：属于桌面可执行程序，能够展示各种 B/S 应用，能够建立多桌面和分屏模式。

②应用库：应用商店的 B/S 应用前端，能够展示多种应用软件客户端供用户下载。

③音频库：音乐商店的 B/S 应用前端，能够展示多种音乐客户端软件

供用户下载。

④视频库：音乐商店的B/S应用前端，能够展示多种视频客户端软件供用户下载。

⑤文献库：学术文献商店的B/S应用前端，能够展示多种文献供用户浏览和下载。

⑥模板库：公文模板商店的B/S应用前端，能够展示多种公文模板供用户浏览和下载。

⑦IM：即时通信客户端，部署在单位内网，用于单位内部员工之间的日常交流。

（2）桌面应用平台后台主要具备如下功能模块：

①用户管理：属于Web管理台，用于用户信息的添加、删除和修改，管理单位用户的组织结构信息，管理各种库的资源操作权限，如上传、更新、分类和删除资源等权限。

②资源管理：属于Web管理台，管理桌面应用平台的应用库、视频库、音频库的各种资源，包括各资源的分类，资源的上传、更新和删除，资源的信息的描述，各资源的后台搜索处理，视频和音频的在线播放等。

③IM运行：主要处理即时通信软件（IM）中的用户消息。将用户的即时消息快速、准确地传递到消息的接收方，能够实时处理单位内部大量用户的消息并发。

④资源存储：主要存储用户的资源数据，包括音频库和视频库的资源等。

⑤文献库管理：属于Web管理台，主要管理文献库的文献资源。

⑥模板库管理：属于Web管理台，主要管理模板库的公文模板资源。

## 4.6 安全管理平台介绍

### 4.6.1 功能介绍

如图4-8所示，安全管理平台（G-SMP）针对虚拟桌面集中部署的特点，对整个虚拟化桌面环境进行安全保护，能够对虚拟机、应用池和用户数据进行安全保护，统一进行安全策略部署，防病毒，补丁更新，数据备份恢复和数据加密存储。

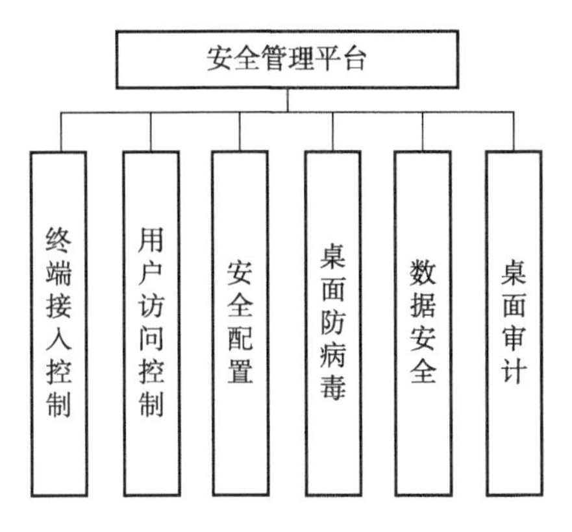


**图 4-8　安全管理平台功能结构**

安全管理平台具备如下主要功能模块。

（1）终端接入控制。通过认证前置客户机的数字证书，标识设备身份的合法性。

（2）用户访问控制。通过认证桌面用户 USB Key 的数字证书，标识桌面用户身份的合法性。

（3）安全配置。制定应用服务器核心配置策略，通过统一的安全管理台，对应用服务器的进行核心安全配置。

（4）桌面防病毒。主要针对应用服务器的防病毒，通过 C/S 方式，对服务器的进行病毒防治和病毒查杀结果检测。

（5）数据安全。通过用户策略，对用户数据进行隔离；用户数据定期备份恢复；用户数据一人一密集中加密存储。

（6）桌面审计。审计管理员的桌面用户和应用的管理，以及管理员对于系统、数据的备份恢复操作审计。

### 4.6.2　接入认证

安全管理平台提供用户认证和设备认证两种接入认证功能。

（1）用户认证。

每个桌面用户都拥有标识其合法身份信息的数字证书，每次进行桌面登录连接时都需要通过认证网关进行认证。

（2）设备认证。

每个前置客户机都拥有标识其合法身份信息的数字证书，每次进行桌面登录连接时都需要通过认证网关进行认证。

### 4.6.3 安全状态监测

安全管理平台提供对后台所有应用服务器安全状态进行实时监测的功能，包括安全配置监测、桌面防病毒监测和安全审计。

（1）安全配置监测。

对所有应用服务器进行安全配置，根据所需安全等级要求，生成、编辑和分发安全基线，通过各服务器上的代理软件，实施配置基线管理和分发部署，并监测各服务器的配置状态，通过管理台查看各服务器配置状态，生成相关报表。

（2）桌面防病毒监测。

防病毒的对象是各服务器，包括物理服务器和虚拟服务器，对于物理服务器可以部署具有杀毒引擎的客户端进行病毒的查杀。对于虚拟服务器，通过虚拟化底层提供的接口，使用虚拟机底层进行病毒查杀的无代理模式，各虚拟服务器不安装传统的防病毒代理，不会造成防病毒风暴，而且虚拟机关机情况下也能够进行查杀。管理台可以监测各服务器上的防病毒状态，下达防病毒操作指令。

（3）安全审计。

安全审计包括用户行为审计和管理员行为审计。用户行为审计包括通过桌面会话管理，记录用户的桌面登录时间、操作过哪些应用、注销时间等；管理员行为审计包括记录桌面管理员对于桌面用户信息和应用资源的管理。针对管理员直接对于服务器的操作，通过堡垒机等设备进行审计记录。

### 4.6.4 数据备份恢复

数据的存储备份使用的是专业的高效存储备份服务器，针对虚拟桌面系统的数据集中存储特点进行调整和改造，为用户的桌面数据提供高效、安全和持续的安全保障（图 4-9）。主要提供如下备份方式。

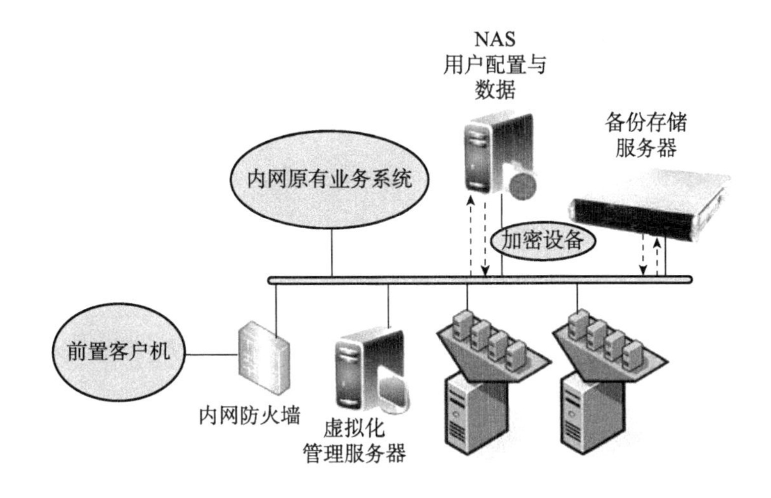


**图 4-9　数据备份恢复结构图**

（1）自动和手动备份。

管理员可以通过存储备份服务器管理界面管理，选定备份数据集后，可以执行自动备份或者手动备份。自动备份是设置固定的备份时间点和间隔周期，一般选择业务空闲期，时间点一到自动开始执行对数据的备份操作，适合业务系统平稳运行期的数据备份。手动备份是灵活性的数据备份操作方式，管理员根据实际的系统数据安全需求，灵活执行数据备份计划，适合业务系统计划性升级和调整前的数据备份方式。

（2）整体和增量备份。

对于文件数据的备份，存储空间占用成为最主要的问题。针对设定的备份集，可采用完全备份或者增量备份的策略进行自动数据备份工作，以减少存储空间占用。

（3）文件访问权限备份。

针对拥有访问权限的文件和文件夹的备份，支持对文件和文件夹的 ACL 权限的备份，在文件恢复后，不但能够保证文件内容的一致性，还能保证文件的访问权限和以前保持一致。

（4）存储接管。

存储备份服务器是对NAS等存储设备的数据内容进行备份的，其主要的功能为数据备份恢复功能，还具备一定的数据存储访问功能，当专业存储设备出现故障时，能够在一定的时期内接替专业存储设备功能，避免业务系统工作中断，为新设备的维护和更新争取时间。

## 4.6.5 数据加密存储

在虚拟桌面环境下，用户的数据都集中保存在远端磁盘，而非用户本地磁盘，用户无法直接对自己的数据进行管理，全部交由后台桌面系统管理员进行管理和维护。通过相应的安全技术和策略进行管理，防止其他用户之间的非法访问，同时，也为了防止管理员直接登录文件存储服务器进行用户数据访问，需要对用户数据进行加密保护。

加密存储服务器可分为用户认证中心和存储加密服务两个组件，可面向云平台提供高并发、大容量的存储数据加密服务。服务器内置高速硬件密码卡，为密码运算提供多算法，高性能的支持，为最终用户提供严格、安全、透明的文件加解密过滤，能够提供统一密钥加密和一人一密的加密模式。

### 4.6.5.1 用户信息管理和密钥管理

用户信息管理的主要内容为管理用户的用户名和加密密钥。用户名信息是和桌面用户的域用户名一一对应的，加密网关和域控服务器保持实时通信，当用户的域信息改变时，加密网关中的用户信息也同步更新。

用户密钥管理的主要内容为管理用户的密钥信息，通过和域控服务器进行通信，获取用户的桌面登录口令信息，将用户的口令和加密卡产生的随机数结合，并通过Hash生成用户的加密密钥（图4-10）。每个用户都拥有一张密钥列表，记录用户所有的密钥信息，包括当前正在使用的密钥和历史密钥，保证用户在修改口令后还能够解密以前加密的数据文件。

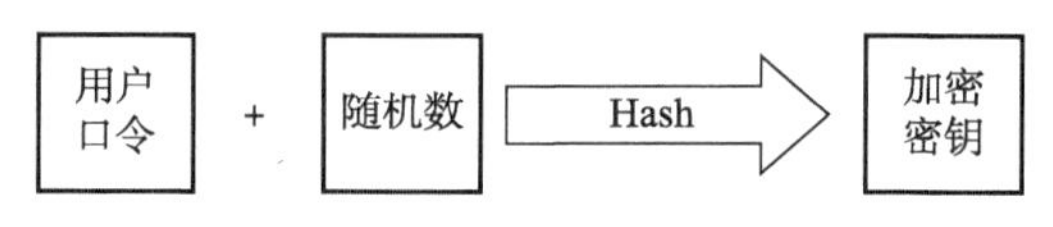


图4-10 密钥生成

#### 4.6.5.2　存储加密服务

存储加密服务功能包括如下三方面。

（1）授权加解密。对用户数据的加解密操作，由加密服务器和域控服务器进行。当用户访问向存储服务器写入数据时，加密服务器会根据用户的会话信息，获得用户的身份信息，并通过用户名信息进行认证，认证通过后，授权将用户的密钥导入到硬件加密卡中，进行数据的加解密，认证失败时，加密失败。

（2）硬件密码卡。其内置高效加密算法，能够高效地对通过加密服务器的数据流进行实时的加密服务，能够支持多张加密卡并行处理数据流，提高加密效率，使得整个加密环节用户不可感知，实现加解密的透明操作。

（3）兼容多种文件访问协议。支持 CIFS/NFS/FTP 等文件访问协议，因此向上能满足用户应用要求，向下兼容主流的 NAS 存储服务器，做到与用户不同的存储环境无缝集成。

## 4.7　本章小结

本章首先从政务安全虚拟桌面系统的总体技术架构上，展示了系统的逻辑组成结构，以及和数据中心原有业务系统间的关系，使读者在第 3 章内容的基础上，更进一步地了解到虚拟桌面系统的内部子系统组成。其次，通过系统功能结构图展现了各子系统的具体功能模块划分，为读者展现了完整的功能模块关联结构。最后，化整为零，详细介绍各子系统的具体功能，即每个模块是做什么的，怎么做的，加深读者对系统结构和功能的理解。

第5章

# 前置客户机设计

本章介绍 GDesk 核心子系统——前置客户机（T-Line）。前置客户机是 GDesk 系统的用户终端机，主要职责是提供双网安全接入服务。前置客户机采用软硬一体化设计，实现虚拟桌面系统引导、用户及终端认证、双网切换控制和外部接口功能。

本 章 导 读

- 功能模块结构
- 系统逻辑结构
- 嵌入式软件设计
- 外部设备接口设计

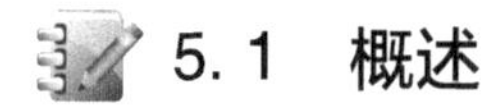

## 5.1 概述

前置客户机不同于计算机和瘦客户端，是专门针对政务双网办公模式和虚拟桌面特点，专门设计研发的虚拟桌面前端接入设备。较之传统的双网双机模式，它通过开关控制，保证内外网完全物理隔离的前提下，进行内外网访问，并且，内置终端控制程序控制开关、USB Key 和终端物理存储，集成接入认证程序对设备和用户进行身份认证，集成桌面连接客户端程序，连接远程桌面。接入终端必须配套一台计算机和虚拟桌面支撑平台使用，能够支持市场主流的虚拟桌面产品如 Citrix 和 VMware 的产品。

## 5.2 功能模块结构

前置客户机在功能结构上主要分为两大模块，一是内网功能模块，另一个是外网功能模块，如图 5-1 所示。内网和外网的功能模块，在 T-Line 内部硬件结构上分为两套独立的硬件电路和软件程序，硬件结构上两者物理隔离，不存在物理链路上的连接，这就保证了内外网之间的数据不可能在设备内部进行传递，避免了两网之间的数据泄露，此外，在硬件接口上也进行了严格的控制。软件程序方面，两者根据模块功能的不同，集成和调用不同的软件程序。由于内网连接远程虚拟桌面系统，访问安全级别较高的网络和业务系统，所以不仅需要连接虚拟桌面的客户端程序，还需要一些安全控制相关的客户端程序，以保证用户的高安全级别办公网络的虚拟桌面的安全访问。

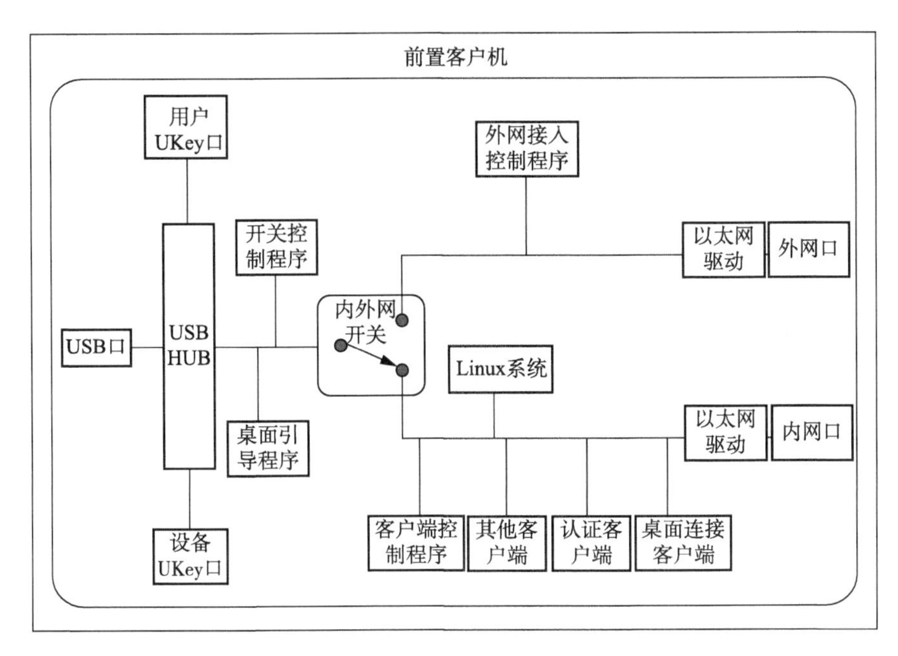


图 5-1　T-Line 功能结构

## 5.2.1　定制版 Linux 系统

前置客户机采用的是 ARM 嵌入式架构，并采用 Slcakware 版本的 Linux 系统。Linux 系统是一款免费的、开源的操作系统，在设计上继承了以网络为核心的思想，是一款性能比较稳定的多用户网络操作系统。用户可以通过网络或其他途径免费获得 Linux 系统，并且源代码可以任意修改，这是其他的操作系统做不到的。针对这一特性，根据 T-Line 具体功能需要对 Linux 操作系统进行功能定制化裁剪，去掉不需要的系统模块和软件程序包，控制程序是基于定制版的 Linux 系统开发的嵌入式设备程序，是对整个前置客户机的硬件器件和接口进行控制，以及对软件客户端程序的调用进行控制。

## 5.2.2　桌面连接客户端

桌面连接客户端的主要作用是利用高效的远程传输协议，连接服务器端的虚拟桌面和应用。它作为虚拟桌面系统的软件前端，能够在用户端实时发送用户的输入指令到服务器桌面端，接收远程虚拟桌面传来的桌面图像信息，实现用户和桌面之间的交互。客户端和后台虚拟桌面之间的传输的不是一帧一帧的实际图像，而是图像的增量绘制指令，这样就大大地减少了网络中传输的数据量，减少了网络带宽的占用率，只需要很少的网络带宽就能实现前端用户和后台虚拟桌面的高效、实时的应用操作交互。基于这一性能特点，将该客户端移植到移动终端上，移动端用户就可以通过移动通信网络访问虚拟桌面，而且经过图像的数据量的压缩处理，能够减少移动数据流量，保证桌面连接过程的流畅性。

### 5.2.3 认证模块

根据桌面接入安全的需要，作为虚拟桌面前端设备，前置客户机具备安全接入认证模块，分为设备认证和用户认证。设备内部电路上内置 USB Key 芯片，能够嵌入标识设备信息的数字证书，作为 T-Line 的合法身份证。在设备接入虚拟桌面系统后，通过接入认证网关对设备进行设备身份合法性认证；而对于用户身份认证，T-Line 提供用户身份 USB Key 的硬件插口，监测插口的信号变化，读取插入该接口的 Key 中的用户身份证书，解析证书信息，并通过接入认证网关实现用户身份合法性的认证。通过设备和用户认证模块设计，能够确保接入后台虚拟桌面的用户和设备都是经过授权的，具有合法性。

### 5.2.4 系统引导模块

前置客户机的最大特点就是能通过一台计算机加 T-Line 的模式，物理隔离地访问两个物理网络，启动两个不同的桌面系统，这就需要对计算机的系统引导程序进行修改，分别用来引导 T-Line 中的 Linux 系统和本机的 Windows 系统，使得用户能够根据自己的需要进行内外网桌面之间的切换。通过修改系统 BOIS 引导程序，能够桌面启动引导程序，在用户启动计算机时，替代计算机正常的系统引导程序，供用户选择内外网连接。

在 Windows 系统中，系统启动引导工具为 NTLDR（NT Loader），实现多重操作系统的启动管理。例如我们安装了 Windows XP 后，我们再安装一个 Windows 7，在计算机启动过程中出现启动 Windows XP 或者 Windows 7 的选择。此时就需要 NTLDR 进行启动引导管理，它是一个多系统启动引导管理器，既能引导 Windows 系统，也能引导 Linux 系统，只是引导 Linux

时极为麻烦。

所以一般在 Linux 环境下，使用的是 GNU GRUB（Grand Unified Boot loader，GRUB），它允许用户在同一台计算机上同时安装多个操作系统，并在计算机启动时选择希望运行的那个操作系统。GRUB 技术可用于选择操作系统分区上的不同内核，也可用于向这些内核传递启动参数。

在计算机系统启动引导过程中，当由硬盘作为第一启动时，BIOS 通常是转向第一块硬盘的第一个扇区，通常称为主引导记录（MBR），然后开始装载 GRUB 和操作系统，这个过程包括以下操作步骤。

第一步：装载记录。基本引导装载程序首先装载第二引导装载程序。

第二步：装载 GRUB。第二引导装载程序允许用户装载一个特定的操作系统。

第三步：装载系统。在 Linux 内核环境下，GRUB 把计算机的控制权交给操作系统。Windows 环境下则不同，微软操作系统使用链式装载的引导方法来启动系统，主引导记录仅仅是简单地指向操作系统所在磁盘分区的第一个扇区。

系统的第一个硬盘驱动器通常表示为 HD0，硬盘位置通常采用（HDX，Y）的形式来表示，例如硬盘上的第一个分区表示为（HD0，0）。X 和 Y 都是从 0 开始标记的，X 表示硬盘号，Y 表示分区号。第一硬盘的主分区只有四个，分别表示为（HD0，0），（HD0.1），（HD0，2）和（HD0，3）；逻辑分区则从（HD0，4）开始，第一逻辑分区表示为（HD0，4），第二逻辑分区表示为（HD0，5），依次类推。计算机硬盘通常包括一个主分区和若干逻辑分区，因此 C 盘可以表示为（HD0，0），D 盘表示为（HD0，4）。光盘表示为（CD）。

## 5.3　硬件部分详细设计

### 5.3.1　系统逻辑结构图

前置客户机在硬件结构上采用 ARM 嵌入式结构，而不是 x86 结构，极大地减少了设备的功耗。ARM 架构曾经被称为进阶精简指令集机器（Advanced RISC Machine），更早被称为 Acorn RISC Machine，是属于 32 位精简指令集（RISC）中央处理器架构，广泛地应用在很多嵌入式系统中，其主要设计目标为低耗电的特性，所以由于节能的特点，ARM 处理器非常适用于移动通信终端等低功耗的领域。而 X86 架构首先要考虑适应各种应用需求，其设计关键是性能和速度。20 多年来，X86 计算机的速度从原来 8088 时代的 M 级，发展到现在的 G 级，而且还是多核并行，运算速度和性能早已提升上千万倍。技术进步使 X86 计算机得以广泛应用，但是 X86 计算机的功耗一直居高不下，即使是以低功耗节能号称的手提电脑或上网本，也有十几、二十多瓦的功耗。因此在能耗方面 ARM 结构具有 X86 结构不可比拟的优势。

以 ARM 结构进行系统设计，图 5-2 所示是实际电路板的逻辑体现，下面对用数字标识的关键部件功能介绍。

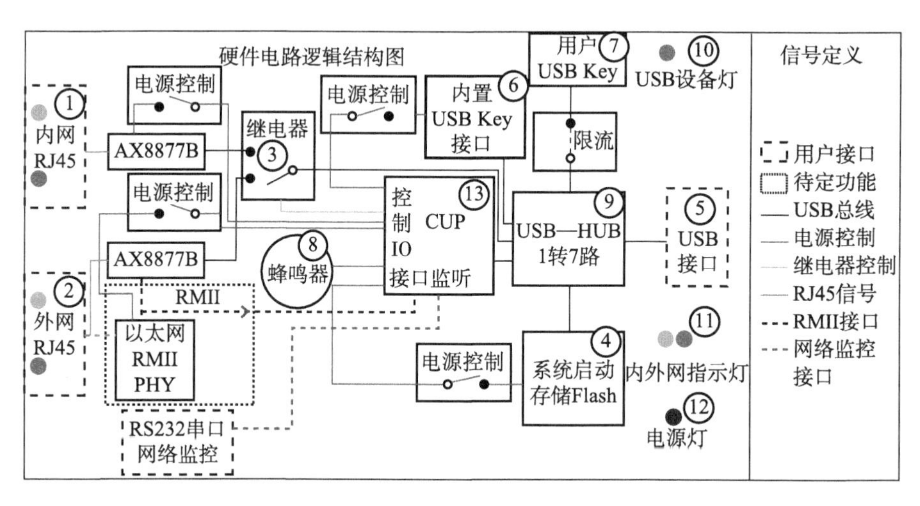


**图 5-2　内网安全接入终端逻辑结构图**

①内网 RJ45 接口：用来连接内网网络链路。

②外网 RJ45 接口：用来连接外网网络链路。

③继电器开关：控制内网和外网的接通和断开状态，受终端控制程序控制，能够根据用户系统引导时的内外网选择，进行切换。

④Flash 存储：终端设备定制嵌入式软件，包括 Linux 系统、USB Key 驱动、以太网转换驱动、桌面连接客户端程序、接入认证客户端程序、终

端控制程序、第三方桌面客户端都安装在该存储上。

⑤USB 接口：通过 USB 连接线与用户计算机的 USB 口相连，是接入终端和用户计算机的交互通道，采用 USB-B 型插口（方口）。

⑥内置 USB Key 接口：插入设备 USB Key，存储设备数字证书。外网连接状态，处于禁止状态。

⑦用户 USB Key 接口：用户插入用户 USB Key 进行身份认证。外网连接时，连接 U 盘，通过限流对 USB 口进行扩展。

⑧蜂鸣器：正常启动时响一声；非法操作时，如外网模式下企图访问内网，有提示音。

⑨USB—HUB：用于连接各个 USB 设备和 USB 设备的通信通道，目前限制为 4 路 USB 设备。

⑩USB 设备灯：灯灭，设备正常工作；灯亮，USB 口电流过载。

⑪内外网指示灯：红灯，内网连接接通；绿灯，外网连接接通；灯灭，网络未开启。

⑫电源灯：正常，设备上电后闪烁 3 次；异常，上电后不亮。

⑬板卡 CPU：用于板卡系统的计算功能。

### 5.3.2　电源设计

由于采用 ARM 结构，T-Line 的工作状态功耗小于 2.5W，工作电流小于 500mA，工作输入电压为 5V，可以采用 USB 端口供电。在接口方面，可以采用 USB type B 型接口供电，如果电源电流太小，可以选择 USB Micro 型接口座并联 USB type B 型接口供电，也可选其一接入前置客户机供电+5V，为了电流短路保护，需要接入 USB ESD 保护电路。

如图 5-3 所示，接入前置客户机的+5V 电源，通过 TPS62040 进行 DC-DC 变换后，输出一路数字 3.3V 电压+D3V3，经过磁珠滤波，转换出模拟 3.3V 电压+A3V3，STM32、USB2517、AX88772B、PHY 芯片 RTL8201EL-VC 需要+D3V3、+A3V3 供电，AX88772B 片内电压转换器提供内部 1.8V 电压输出供自身使用，RTL8201EL-VB 片内电压转换器提供内部 1.2V 电压输出供自身使用。各路 USB 外设，需要+5V 的 USB_ BUS 供电。

为了方便电源短路检测，提供给各个芯片的电源，需要通过 0ohm 的短路电阻与总线电源+5V、+D3V3 隔离。

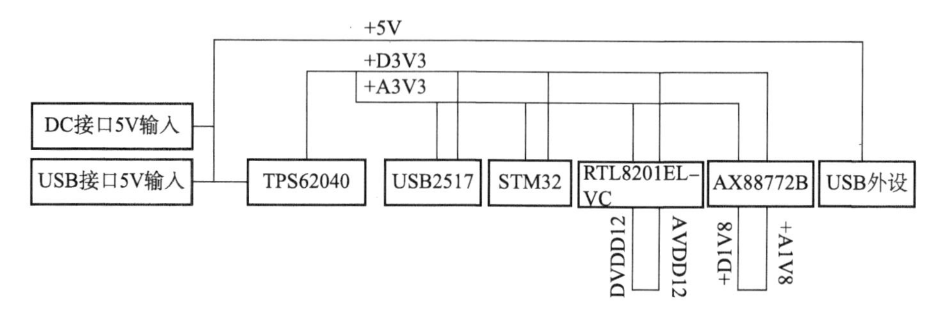


图 5-3　电源设计原理

电路供电与工作模式的关系如表 5-1 所示。

表 5-1　电路供电与工作模式的关系

| 供电载体 | 内网模式 | 外网模式 |
|---|---|---|
| USB-HUB | 供电 | 供电 |
| CPU | 供电 | 供电 |
| BOX-KEY | 供电 | 不供电 |
| USER-USB | 供电 | 不供电 |
| BOOT-U 盘 | 启动后不供电 | 供电 |
| 继电器 | 不供电 | 供电 |
| 内网 RJ45 接口 | 供电 | 不供电 |
| 外网 RJ45 接口 | 不供电 | 供电（可能包含一个外部 PHY） |

## 5.3.3　时钟设计

STM32、AX88772B、RTL8201EL - VC 采用 25M 晶体提供时钟，USB2517 芯片需要外接 24Mhz 晶振，内部倍频为 48Mhz 供 USB 总线使用。如表 5-2 所示为芯片晶振频率对照表，如图 5-4 所示为时钟分布示意图。

表 5-2　芯片晶振频率对照

| 芯片 | STM32 | AX88772B | RTL8201EL-VC | USB2517 |
|---|---|---|---|---|
| 晶振 | 25Mhz | 25Mhz | 25Mhz | 24Mhz |

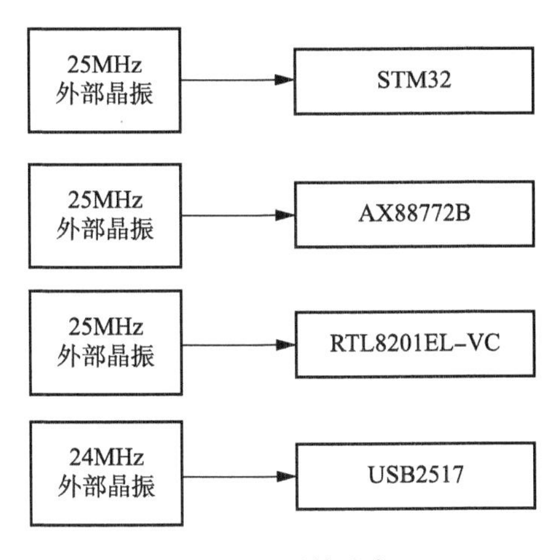


图 5-4　时钟分布

## 5.3.4　复位设计

USB—HUB 芯片 USB2517 选择采用 E2PROM 存储，通过 I2C 接口的 AT24C02 来保存 USB 描述符及配置信息，USB2517 对外接 E2PROM 没有编程能力，强制将 USB2517 复位信号拉低的状态下，通过 STM32 的 I2C 总线可以对 AT24C02 编程。

AX88772B—USB 转以太网卡芯片，需要外扩 16bit 的 Serial EEPROM 来存储 USB 设备描述符及 MAC 地址等信息，在 AX88772B 初始化过程中，根据 EEPROM 中的配置来描述 USB 设备。在这里采用 93C66 芯片，通过 AX88772B 的 USB 总线，在计算机端可以利用上位机软件 Windows SROM Programming Tool 和 Windows Production Test Tool 进行 EEPROM 的编程和 AX88772B 的网络测试。

## 5.3.5　系统启动设计

前置客户机如果采用 USB 供电，当笔记本按下电源键时，此时笔记本 USB 供电输出，客户机开始工作，通过复位芯片 CAT811，完成 STM32 上电复位功能，之后 STM32 复位各路芯片后，各路芯片连接状态（复位状态）如图 5-5 所示。

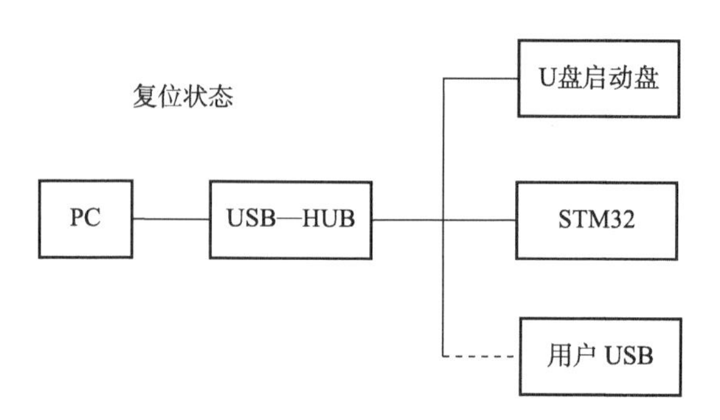


**图 5-5　各路芯片连接状态图**

各路芯片连接关系描述如下。

（1）HUB 芯片上游 USB 总线连接到笔记本主机上。

（2）STM32 连接到 USB—HUB 芯片的下游 USB 总线上。

（3）U 盘启动盘 VBUS 通过控制开关（当前状态为开）连接到+5V 电源总线上，USB 总线连接到 USB—HUB 芯片的下游 USB 总线上。

（4）用户 USB 接口 VBUS 通过限流开关连接到+5V 电源总线上，USB 总线连接到 USB—HUB 芯片的下游 USB 总线上。

（5）前置客户机鉴权 USB-KEY 接口的 VBUS 通过控制开关（当前状态为关）连接到+5V 电源总线上，此时控制 USB 总线连接到 USB—HUB 芯片的下游 USB 总线上。

（6）内外网的 USB 总线通过一分二继电器（当前选择为外网）选择 USB—HUB 芯片下游 USB 总线的一路接入网卡芯片（当前选择为外网），内外网卡芯片的电源选择为禁能。

（7）系统加电后笔记本通过 USB—HUB 引导 U 盘启动盘里的操作系统，直到出现内外网选择界面，U 盘一直连接在 HUB 芯片上，此时默认选择项（外网）定时 20 秒开始倒计时。

### 5.3.6　存储启动设计

USB—HUB 芯片 USB2517 选择采用 E2PROM 存储，通过 I2C 接口的 AT24C02 来保存 USB 描述符及配置信息，USB2517 对外接 E2PROM 没有编程能力，强制将 USB2517 复位信号拉低的状态下，通过 STM32 的 I2C 总线可以对 AT24C02 编程。

AX88772B USB 转以太网卡芯片，需要外扩 16bit 的 Serial EEPROM 来存储 USB 设备描述符及 MAC 地址等信息，在 AX88772B 初始化过程中，根据 EEPROM 中的配置来描述 USB 设备。在这里采用 93C66 芯片，通过 AX88772B 的 USB 总线，在计算机端可以利用上位机软件 Windows SROM Programming Tool 和 Windows Production Test Tool 进行 EEPROM 的编程和 AX88772B 的网络测试。

##  5.4　嵌入式软件设计

### 5.4.1　主要软件构成

前置客户机软件部分，以 Linux 系统为设计基础，如图 5-6 所示，主要包括定制 Linux 系统、USB Key 驱动、以太网转 USB 驱动、USB 控制通讯驱动、认证连接程序、云桌面连接程序、接入控制程序、后台监控程序、USB 控制程序、定制的桌面环境和下位机副控制程序。

前置客户机可实现安全访问双网，启动时如果进入本地系统可以进行外网访问，利用客户机启动虚拟桌面则进入内网系统。两网的网络和存储是完全物理隔离的，可以有效防止内网数据泄密。

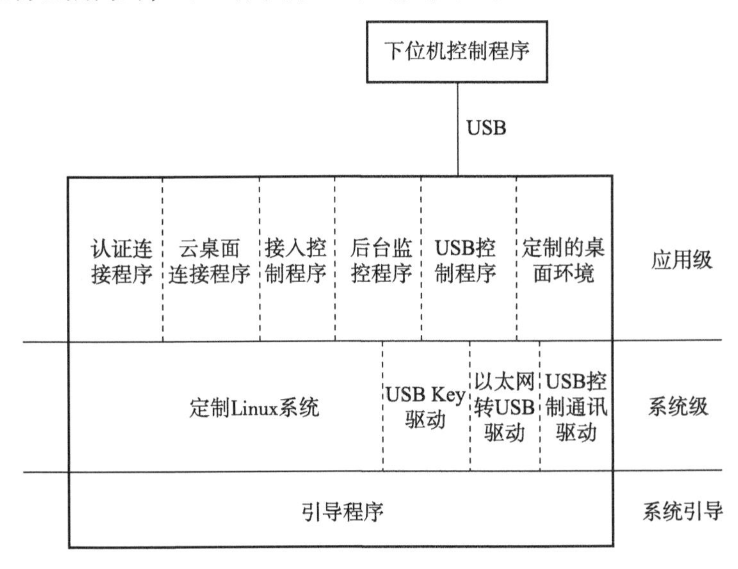


图 5-6　软件结构

下面详细介绍七类主要软件的功能。

（1）引导程序：在计算机启动过程中，提供给用户进行内网系统的启动引导。

（2）定制 Linux 系统：基于 Slack Ware 裁剪的 Linux 系统，用于接入终端的系统支持。

（3）USB Key 驱动：适用于 Linux 环境的 USBKey 驱动程序。

（4）以太网转 USB 驱动：使以外网数据能够在 USB 总线上传输。

（5）认证连接程序：提供用户终端设备和用户身份认证功能，能够接受传输参数和接入认证网关通信。

（6）云桌面连接程序：基于 Linux 的桌面连接程序，能够和远程桌面系统进行通信。

（7）接入控制程序：控制 USB 口、调用认证程序、桌面连接程序、内外网开关以及异常情况时断开网络。

### 5.4.2 引导程序

GNU GRUB 是一个来自 GNU 项目的多操作系统启动程序。用户可以在计算机上同时安装多个操作系统，如 Windows 或者 Linux，并在计算机启动时选择希望运行的操作系统。通过 GRUB 可以选择操作系统分区上的不同内核，并向这些内核传递启动参数。

Windows 也提供了安装多版本操作系统的工具。比如我们在机器中安装了 Windows XP 系统，可以再安装一个 Windows 7 系统。在操作系统启动时，会有一个菜单让我们选择，是进入 Windows XP 系统还是进入 Windows 7 系统。作为多系统启动引导管理器，NTLOADER 同样也能启动 Linux。GRUB 是一个非常好用的引导装入器。它有许多功能，可以使引导过程变得非常可靠。例如，它可以直接从 FAT、MINIX、FFS 系统分区读取 Linux 内核。所以我们选择 GRUB 作为引导程序，而 GRUB 引导程序界面极其简单，不符合我们的需要，所以我们要基于 GRUB 做些修改和美化，来满足我们的需求。

计算机启动后，BIOS 程序首先检查计算机硬件能否满足运行的基本条件，即“硬件自检”。如果硬件有问题，主板会中止启动。如果没有问题，屏幕就会依次显示CPU、内存、硬盘等信息。硬件自检完成后，BIOS会按照启动优先顺序，把控制权转交给下一阶段的启动程序。

打开BIOS的操作界面，里面有一项就是“设定启动顺序”。这里我们设置为USB启动。BIOS按照启动顺序，把控制权转交给排在第一位的存储设备。首先计算机会读取该存储设备的第一个扇区，也就是存储设备最前面的512个字节，也叫作“主引导记录”（Master boot record，缩写为MBR）。如果这512个字节的最后两个字节分别是0x55和0xAA，表明这个设备可以用于启动；如果不是，表明设备不能用于启动，控制权于是被转交给“启动顺序”的下一个设备。

MBR的前446字节引导程序属于GRUB的开始执行程序。通过这段程序进一步执行stage1.5或是stage2的执行程序。其中stage1.5或是stage2属于阶段2的引导过程。stage2过程也是GRUB kernel的核心代码。Stage1.5过程的功能很单一，主要就是为了引导stage2的过程服务。由于stage2过程的代码存放在文件系统下的boot分区目录中，因此stage1.5过程就是需要提供一个文件系统的环境，而该文件系统环境需要保证系统可以找到stage2过程的文件，那么stage1.5阶段提供的文件系统需要是boot文件系统所对应的，这个在执行grub install过程中就已经确定了。stage2过程主要会把系统切换到保护模式，设置好C运行时环境，找到config文件，如果没有找到就执行一个shell，等待用户的执行。后面的工作就变成了输入命令→解析命令→执行命令的循环中。当然该阶段引导的最终状态就是执行boot命令，将内核和initrd镜像加载进入内存中，进而将控制权转交给内核。控制权转交给操作系统后，操作系统的内核首先被载入内存。

### 5.4.3　文件系统

文件系统是文件数据的集合，文件系统不仅包含文件中的数据，还含有文件系统的结构信息，即所有用户和应用相关的文件、目录、连接，以及文件保护信息等都存储在其中。

TLINK物理存储采用两个分区，一个用于内网，一个用于外网。内网分区采用EXT4文件系统，用于存放内网工作状态下的所有资源。bin目录用于存放可执行二进制文件，/dev 用于存放设备特殊文件，/etc 用于存放系统管理和配置文件，/etc/rc. d 用于存放启动的配置文件和脚本，/lib 用于存放标准程序设计库，也叫作动态链接共享库，其作用类似于 Windows 操作系统里的 dll 文件，/sbin 用于存放系统管理员使用的管理程序，/proc 用于存放虚拟目录，即系统内存的映射。可直接访问这个目录来获取系统信息，/boot 目录用于存放 GRUB 的 stage2 程序和 Linux 内核镜像以及 Linux 启动初期的 INITRD 文件系统。

启动内网时，GRUB 将内核及 INITRD 解压缩并拷贝到内存中，然后 GRUB 就把控制权交给 Linux 内核。内核一旦开始运行，会初始化内部的数据结构，检测硬件，然后激活相应的驱动程序，为应用软件的运行做好环境准备。应用软件的运行环境必须要有一个文件系统，所以内核必须首先装载 root 文件系统，内核会把 INITRD 作为临时根文件系统挂载，执行其中的 INIT 程序，执行一些必要的操作，最后再挂载真正的根文件系统。

外网分区文件系统格式为 FAT32，用于存储外网环境中网卡的驱动程序及修改网卡 MAC 地址的工具。

### 5.4.4 内核

操作系统是一个用来管理和驱动计算机软硬件设备，并为用户的应用程序提供一个基本服务集的底层管理支撑软件。一个计算机系统是一个软硬件结合的共生体，软硬件设备互相依赖，不可分割。计算机的硬件设备，包括处理器、内存、硬盘和其他的外围设备，形成了计算机的发动机。但如果没有软件来操作和控制它，硬件自身是不能工作的。完成这个控制工作的软件就称为操作系统。

内网环境下我们采用 Linux 为操作系统内核。Linux 是一个内核源代码开放，具备一整套工具链，有强大网络支持及成本低廉的遵循 GNU GRUB 的优秀操作系统。其功能强大，性能高效稳定，支持多任务，已在各个领域得到了实际验证。Linux 内核小巧灵活，易于裁剪，模块机制使得内核保持独立而又易于扩充。基于对 Linux 内核的裁剪我们可以方便地在内网环境下实现对计算机网络、硬盘、可移动存储设备、光驱、软驱等硬件资源的控制，从而可靠地实现在内网环境与外网环境的隔离。

T-Link 无需电源，只需要把前置客户机与任一笔记本（笔记本电脑）或台式机通过 USB 数据线连接，内网环境下共用笔记本或台式机的 CPU、内存、输入输出等硬件资源，这样在不改变现有的硬件设备和网络环境的条件下，只需一台前置客户机及后台服务器即可实现内外网隔离。前置客户机可连接于任意一台笔记本或台式机，这些机器的硬件资源不尽相同，因此就需要前置客户机必须要有良好的兼容性，这实际上来源于对内核的裁剪。在内核裁剪过程中必须要考虑到兼容性的问题，裁剪出来的内核必须考虑到要兼容不同机器不同型号的 CPU，不同型号的显卡，前置客户机重启切换网络时不同型号 USB 口是否断电等问题，确保前置客户机在每台机器上都能正常使用。

### 5.4.5　基于 PKCS#11 的认证[17]

PKCS#11 由 RSA 实验室（RSA Laboratories）发布，是公钥加密标准（Public-Key Cryptography Standards，PKCS）之一，它为加密令牌定义了一组与平台无关的 API，一套独立于技术的程序设计接口，以及 USB Key 安全应用需要实现的接口。

前置客户机基于 PKCS#11，采用双 USB Key 认证方式，即设备认证和用户认证。内网环境下，用户登录虚拟桌面时，为了提高桌面接入的安全性，接入了安全认证。其结合国家电子政务外网数字证书，提供了硬件设备内置设备 Key 加数字证书、用户持有用户 Key 加数字证书的认证方式，为用户通过前置客户机接入内网访问虚拟桌面提供设备接入控制和用户访问控制双重安全保障，防止不明身份的设备和用户接入内网访问虚拟桌面。

### 5.4.6　接入终端启动流程

系统的启动过程如图 5-7 所示，简述如下。

（1）首先设置笔记本的 BIOS，设置从 USB 驱动。

（2）系统从 USB 下载 bootloader，根据屏幕提示，选择是进入内网，还是进入外网。

（3）如果进入外网，则从本地磁盘启动，运行本地操作系统，网络控制开关接通外网。

（4）如果进入内网，则从 USB 总线上加载操作系统和内核，并打开控制开关接入内网。

（5）启动认证程序，通过 USB Key 和认证服务器通信。

（6）如果认证通过，启动远程前置客户机（或者进入桌面）。

（7）如果认证失败，提示认证失败。

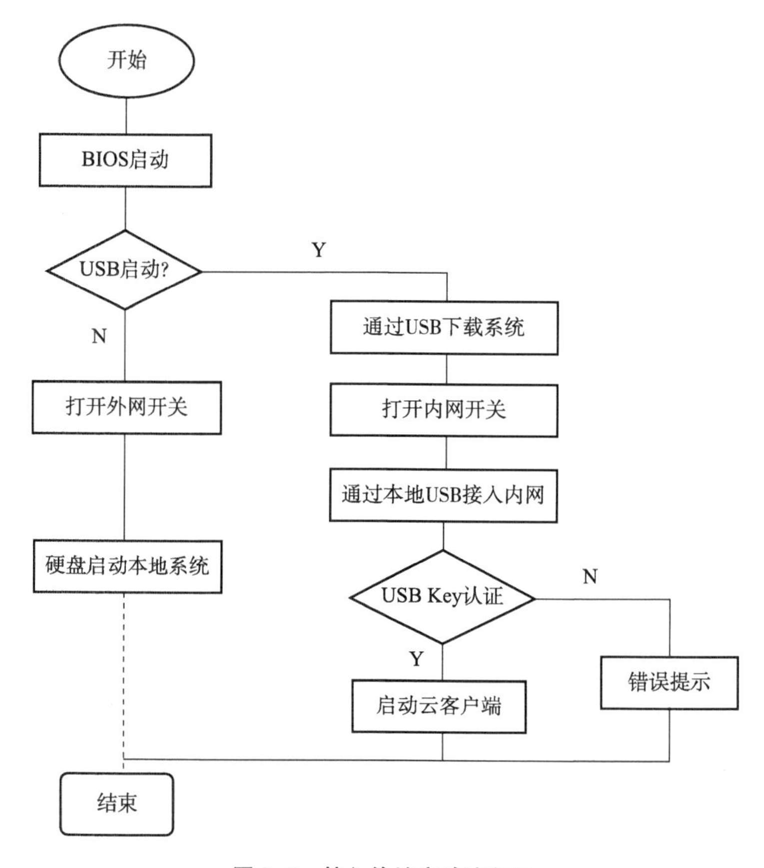


**图 5-7　接入终端启动流程图**

### 5.4.7　终端控制程序设计

终端控制程序主要对接入认证程序、桌面连接程序和系统异常监测，以进行综合调度。接入控制程序如图 5-8 所示，对图中各数字对应内容简述如下。

（1）：控制程序接收用户 Pin 码输入。

（2）：验证 Pin 码合法性。

(3)：验证通过后，启动程序，连接认证服务器。

(4)：认证程序返回成功与否结论。

(5)：认证成功，则获得用户信息；如果不成功，则重复认证过程。

(6)：控制程序启动桌面客户端，并启动 USB Key 状态检测过程。

(7)：如发现 USB Key 状态异常，则停止远程桌面连接。

(8)：重新启动认证过程。

(9)：检测网络状态，如果检测到异常，中止桌面程序。

(10)：重新启动认证过程。

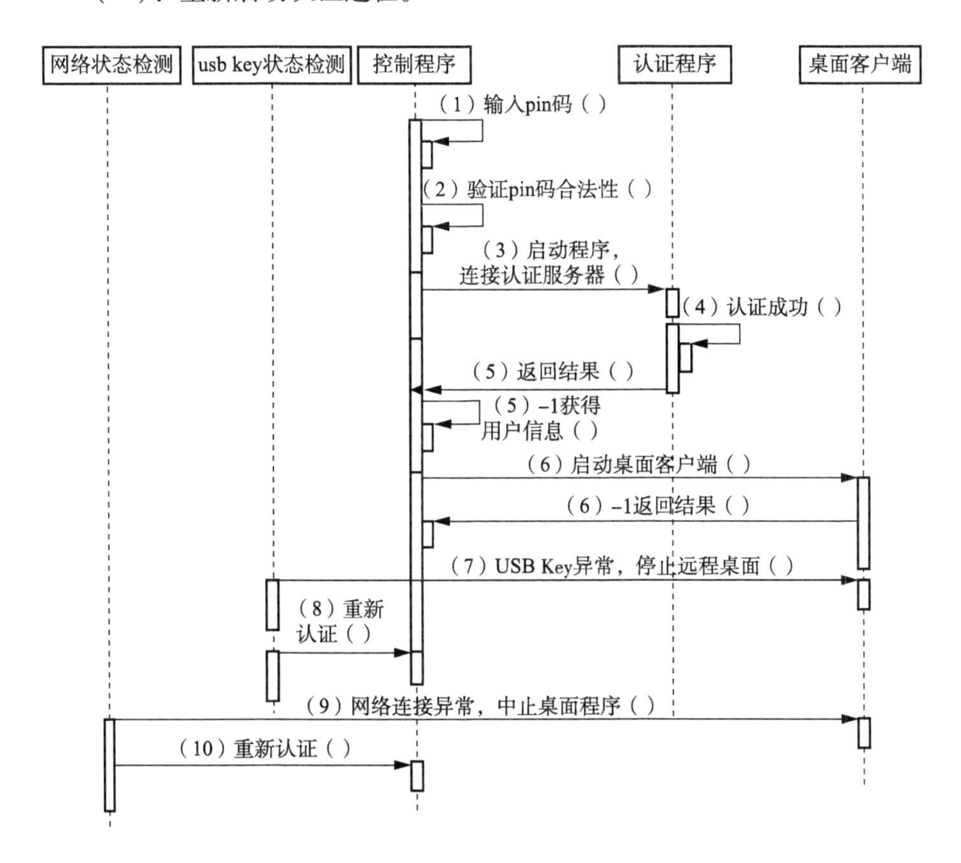


图 5–8　接入控制程序序列图

## 5.5　外部设备接口设计

为实现内外双网连接、USB Key 认证和外部存储等功能，前置客户机提供 6 种外部设备接口，如表 5-3 所示。

**表 5-3　外部设备接口清单**

| 接口名 | 类型 | 功能描述 |
|---|---|---|
| 内网接口 | Micro USB | 连接内网 |
| 外网接口 | | 连接外网 |
| 通信 USB 口 | | 1. 前置客户机供电；<br>2. 前置客户机和笔记本电脑数据通信；<br>3. 前置客户机系统更新接口；<br>4. 设备证书更新 |
| 用户 USB Key 接口 | USB | 1. 内网环境下，作为用户 USB Key 专用口；<br>2. 外网环境下，作为普通 USB 口 |
| 设备 USB Key 接口 | USB | 内置在前置客户机内部，用于设备 USB Key 的接入和证书读取 |
| 存储接口 | USB | 用于 Flash 存储的接入 |

## 5.6　本章小结

本章详细描述前置客户机 T-Line 的内部软硬结构和功能的详细设计，不同功能模块划分，并描述各个模块的功能，描述系统的硬件逻辑结构关键模块器件功能。首先介绍了前置客户机的软件功能模块，包括操作系统、桌面连接客户端、认证模块和系统引导模块；其次介绍了前置客户机的硬件详细设计，包括系统逻辑结构、电源设计、时钟设计、复位设计、系统启动设计和存储启动设计；再次介绍了前置客户机嵌入式软件设计，包括引导程序、文件系统、内核设计、认证设计，以及终端启动流程和控制程序设计；最后介绍了前置客户机具备的 6 种外部接口设计。通过以上内容的学习，读者可深入了解前置客户机所具备的核心软硬件模块，以及如何进行功能设计。

第6章

# 虚拟化基础平台设计

本章介绍 GDesk 核心子系统——虚拟化基础平台（G-Cloud，本章简称平台）。平台作为 GDesk 系统的基础支撑设施，主要职责是为最终用户交付虚拟桌面相关服务，在资源集中、管理集中的前提下，达到用户体验本地化的效果；同时平台向系统维护人员提供管理控制台，接受对平台内部功能与策略的管理配置，提供针对运行状态的监控手段，满足管理方面的要求。

本 章 导 读

- 平台结构和组成
- 门户服务与用户桌面体验
- 会话服务和管理服务
- 域控服务
- 应用交付框架与协议
- 应用代理服务
- 部署模式

##  6.1 平台的结构与组成

虚拟化基础平台（G-Cloud）由一组相互独立的服务模块（以下简称服务）组成（图6-1），服务模块之间通过接口相互通信。从逻辑上，各服务之间调用关系是固定的；从部署角度上看，各服务的具体部署方法可以视情况灵活处置。在本章最后一节将单独讨论部署方面的问题。本节从整体架构方面，阐述平台构成以及各服务的功能职责。

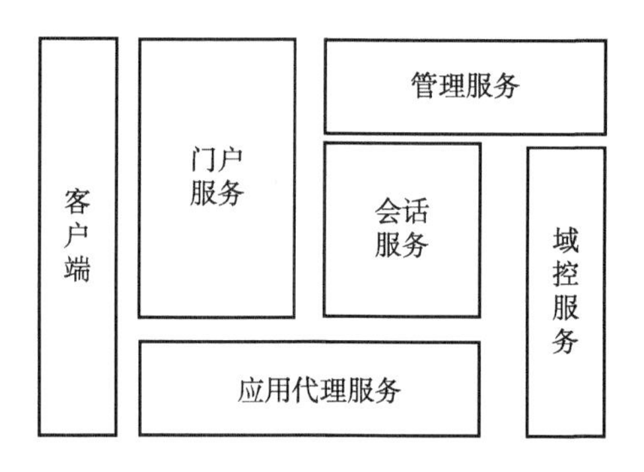


**图6-1 G-Cloud平台服务构成**

平台包括客户端和服务端两大部分。客户端运行在用户的客户机中作为前端，是平台功能在用户方的延伸；服务端由其他五个服务组成，即后端，是平台主体，通常集中部署在中心机房内。前端和后端通过网络连接交互，协同为用户提供虚拟桌面服务。同时，平台的管理服务面向运维人员，提供对平台内部的管理和监控接口。以下简单介绍平台两大部分组成部分的关键职责。

### 6.1.1 客户端

客户端以软件形态运行在前置客户机中，是平台功能向用户终端的延伸，负责将平台提供的桌面服务交付给用户。这是一种虚拟化的桌面交付方式，用户对桌面及应用操作的体验是完全本地化的，但实际上在本地终端上既没有安装应用也没有存放相关数据，所有的应用和数据都集中在服务端统一管理。客户端作为用户与服务端的中介，依托远程的门户服务和应用服务，为用户展示桌面及应用，同时响应用户的输入操作。本章在介绍门户服务与应用服务时，还会详细介绍客户端的相应作用，客户端硬件方面的内容请读者参考前一章。

### 6.1.2 门户服务

负责为用户组装桌面。相关交互过程是，门户服务响应客户端请求，向会话服务申请一个独立会话，然后生成桌面反馈给客户端。用户看到的桌面背景及各种桌面元素，例如应用图标、工具栏、托盘区等，都是由门户服务产生并推送到客户端完成展现的。

### 6.1.3 会话服务

会话是为目标用户提供服务的上下文及一组资源的集合。会话服务的主要职责就是为用户提供会话管理的服务，用户每一次从登录到注销的过程都对应一个会话。会话概念对最终用户是透明的，用户可以不必关心。从平台功能的角度，会话是一个关键概念，会话服务是平台资源的调度中心，同时也是平台运维管理的主要目标。

### 6.1.4 应用代理服务

用户通过客户端看到的界面，来源于后台的两个服务：一个是前面所述的门户服务，负责展现桌面；另一个就是应用代理服务，负责展现和维护各种打开的应用窗口，例如 Word 等应用程序的窗口。因而最终用户看到的统一的虚拟桌面，实际是在两类技术、两种后台服务的支撑下，叠加实现的。应用代理服务基于虚拟应用交付协议与客户端配合，实现应用窗口的虚拟化操作体验，一方面把应用窗口的显示画面推送给客户端，并展示给用户；另一方面接收客户端传递过来的用户输入事件，例如键盘鼠标事件，完成响应。

### 6.1.5 域控服务

域控管理是一种成熟有效的资源管理方式，平台中的域控服务主要负责对用户管理以及用户个性化配置的存储管理，是支撑会话服务的一项基础功能。

### 6.1.6 管理服务

面向运维管理人员提供远程的 B/S 模式管理台，支持配置和监控两大方面的功能。由于会话服务是平台的资源调度和管理中心，因而管理服务主要在会话服务的支撑下实现。

为了便于更好地理解各个服务之间的关系，下面通过两个典型场景说明用户通过客户端操作时，平台内部的交互流程。

场景一：登录阶段，从用户开始登录到桌面展示完成，包含如下交互过程，如图 6-2 所示。

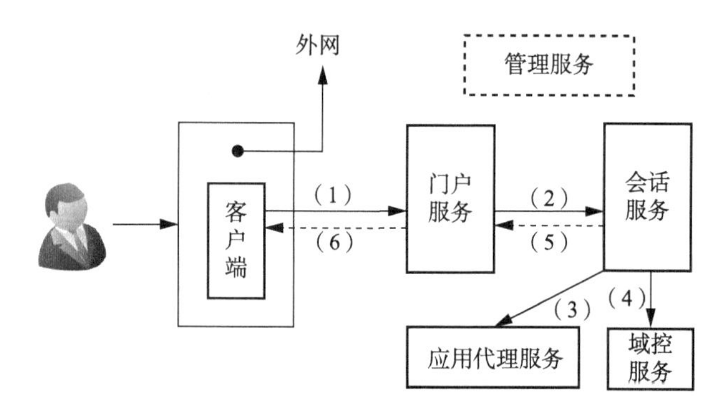


**图 6-2　登录场景**

图中各数字对应说明如下。

(1)：客户端向门户服务请求桌面，请求内容包含用户身份信息。

(2)：门户服务向会话服务请求创建会话。

(3) ~ (4)：会话服务分别向应用代理服务和域控服务发出请求，为用户组织会话资源。

(5)：会话服务维护该会话状态，同时向门户服务反馈信息。

(6)：门户服务根据会话信息组装桌面，交付给客户端完成桌面的展示。

场景二：使用阶段，从用户在桌面上使用鼠标单击应用图标，到应用窗口出现，包含如下交互过程，如图 6-3 所示。

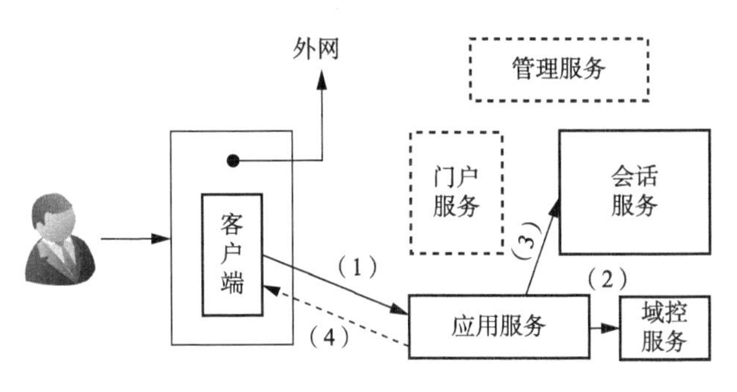


**图 6-3　打开应用场景**

图中各数字对应说明如下。

(1)：客户端根据用户单击的应用构造请求，要求应用服务打开应用。

(2)：应用代理服务与域控服务配合完成认证和资源授权工作。

(3)：应用代理服务向会话服务报告当前会话的状态和平台资源占用情况。

(4)：应用代理服务构造应用窗口的显示图像，反馈给客户端完成应用展示。

## 6.2　门户服务与用户桌面体验

### 6.2.1　门户服务

门户服务的主要职责是与客户端协作，向最终用户交付桌面。

#### 6.2.1.1　设计要求

门户服务对桌面提出两点设计要求。

(1) 为了适应多数办公人员的操作习惯，桌面应当满足流畅的本地化操作体验要求。

（2）桌面的操作习惯及风格特征需要适应各行业领域、各层次办公人员的要求，支持快速定制。

因而门户服务与客户端基于 RIA 技术（Rich Internet Applications）实现对虚拟桌面的支持和交付。其基本原理是：客户端内嵌一个具备浏览器功能的内核模块，门户服务基于 Web Server 构建，通过 Ajax 等技术实现双方协同，支持桌面的展示和操作，如图 6-4 所示。

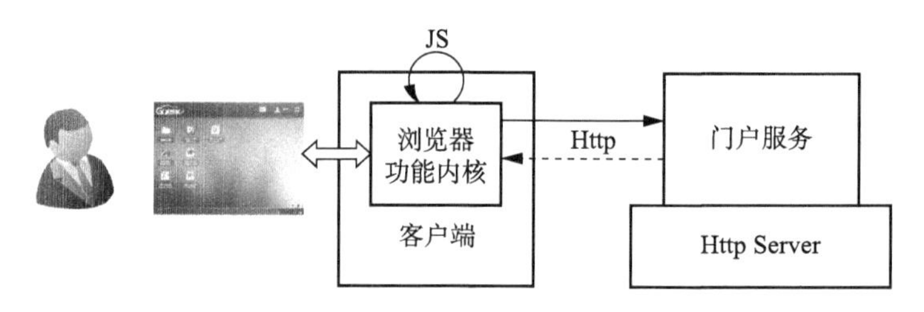


**图 6-4　门户服务原理**

#### 6.2.1.2　主要优势

基于该原理，虚拟桌面交付服务带来如下两个优势。

（1）桌面由 Web 页面构成，门户服务以 Web 服务形态存在，因而桌面的效果、风格、对操作的响应实际都由门户服务的一系列资源文件所决定。管理人员通过维护门户服务，即可实现对所有用户桌面统一的风格改变或更新升级且代价很小。

（2）客户端的浏览器功能内核由于采取了 RIA 技术，仅在加载和桌面页面切换时与门户服务发生网络交互，其他时间几乎完全是本地运行。对用户操作的响应速度快，对网络资源的依赖小。

站在用户角度，用户操作桌面和操作桌面上应用的体验是一体化的。但是从平台功能实现的角度，分别采用了不同的技术、不同层次的服务来支撑，所消耗的资源也不同。本节所述的门户服务就是平台中用来支撑用户桌面的部分，采用了 RIA 等技术，对服务端的资源消耗较小。后面介绍的应用代理服务为应用的运行提供支持，平台的资源消耗主要集中在那一层。

### 6.2.2　桌面组成与效果

在使用应用虚拟化技术后，平台将所有与系统维护相关的工作任务迁移到后台服务端。系统的升级、应用的安装部署等工作由管理员在服务端完成，在服务端运行的应用程序通过虚拟化技术以会话的形式为用户提供服务。所以，最终用户使用的仅仅是平台提供的应用代理服务，底层的操作系统对于他们来说是透明的，无须关心。

作为承载虚拟应用的载体，平台为用户提供与 Windows 类似的虚拟化桌面，主要实现用户个人信息的维护、虚拟应用的接入和使用（图 6-5）。虚拟化桌面分为三大区域：工具栏、应用面板、任务栏。

**图 6-5 虚拟桌面效果**

（1）工具栏。

工具栏位于虚拟桌面的顶部，提供了用户信息的展示和配置功能，用户可以设置自己的登录密码。此外，工具栏还提供了平台应用商店的入口，用户可以通过应用商店定制或申请自己希望使用的应用程序。关于平台应用商店将在下文详细介绍。当用户脱离办公状态时，可以使用鼠标单击工具栏右侧的【注销】按钮，返回登录界面，其他用户再次使用虚拟桌面服务时，需要重新使用账户和密码进行登录。

（2）应用面板。

应用面板位于虚拟桌面的中间区域，用于展示用户已定制的应用。应用图标采用平铺方式，同时融入了 Windows 系统和 iOS 系统桌面布局的特点，既保留了清新、简洁的视觉效果，也符合传统 Windows 系统的操作习惯。用户在使用应用的时候，只需要单击桌面上的应用图标，便可以直接打开应用窗口。操作应用程序的过程和习惯与传统的 Windows 系统操作几乎完全一致。

（3）任务栏。

任务栏位于虚拟桌面底部，基本模拟 Windows 系统任务栏的功能和样式。当用户打开一个或多个应用窗口时，任务栏会展示全部已启动应用的图标，并高亮显示当前处于活动状态的窗口图标。用户单击任务栏上的任意图标，可实现应用窗口的切换、最大化、最小化等效果。任务栏的右下角为托盘类应用图标展示区，当用户使用类似于 QQ 这类即时通信工具时，最小化应用窗口后其图标就会在这个区域展示。当有未读消息时，位于托盘区的应用图标会进行闪烁提醒。

### 6.2.3 应用商店

应用虚拟化在资源管理上最大的特点和优势，就是将应用及相关资源统一在服务端集中管理。传统的 Windows 应用或其客户端程序全部需要在本地操作系统中安装、配置、运行。而在应用虚拟化体系中，所有应用全部运行在服务端，桌面客户端只提供给用户操作应用程序和展示应用数据的窗口。在平台中，提供虚拟应用资源的媒介叫作应用商店。应用商店包括两大功能模块：应用定制和应用申请。

（1）应用定制。

具备应用管理权限的管理员在应用代理服务器上安装完应用后，这些应用由会话服务统一调度。管理员能够将被会话服务管理的应用发布给用户使用，发布后的应用会出现在用户个人应用商店的可定制应用列表中，用户可以根据自己的实际需要将可定制类型的应用添加到自己的应用面板上。

（2）应用申请。

如果管理员未将会话服务中的应用发布给用户，那么这类应用用户将无法定制以及使用。但用户在应用商店中能够预览这类应用，如果想使用，可以对这类应用提出使用申请。如果用户想使用的应用在应用商店中不存在，说明会话服务中没有将这类应用纳入管理行为，用户可以在应用商店中填写这类应用的名称和功能描述，并将使用申请提交给应用管理员。管理员收到用户的应用申请后，将根据用户实际需要和单位内部政策规范，选择性地同意或拒绝用户的申请。对于没有纳入会话服务管理的应用，管理员可以在应用代理服务器维护时进行安装和发布。

#### 6.2.4　私人云存储

平台中用户资料的存储空间可以由存储网络、阵列或普通磁盘提供支撑，平台对不同用户之间的存储访问进行隔离。用户登录虚拟桌面时，系统会按照预先定义的规则为用户分配独享的存储空间。用户登录系统后，使用任何应用创建的文件、资料都保存到私有存储空间上，但体验上就跟在本地一样。用户无须管理存储的连接挂载、资源的同步备份、数据的加密解密等技术细节，就可以实现安全、可靠的数据保存。由于数据都保存在统一的存储介质上，所以不管用户使用哪个客户端，只要使用自己的个人账户接入平台，都可以调用自己的文档和资料。

用户存储空间的管理由管理员统一维护，每个用户被创建时系统都会默认为用户分配一定容量的私人存储空间。当用户私人存储空间不足时，用户可以向管理员提出申请，再由管理员根据需要和政策要求进行追加。当平台不再向某些用户提供服务时，可以对用户的私人存储空间进行回收。

##  6.3　会话服务和管理服务

### 6.3.1　会话和会话服务

会话服务作为整个虚拟化支撑平台的核心功能模块，相当于整个桌面后端的中枢神经系统，该服务的主要职责是建立、维护和销毁会话。

#### 6.3.1.1　会话生命周期的六个状态

会话对最终用户透明：用户所见的桌面及应用集合由会话支撑，但用户不必关心。对于后台服务，会话是一个关键概念：它对应着平台为用户提供服务的一个完整生命周期，这个生命周期从用户登录开始，随后为用

户分配各类资源，直至用户注销完成，平台收回所有资源。会话生命周期包括六个状态，如图 6-6 所示。

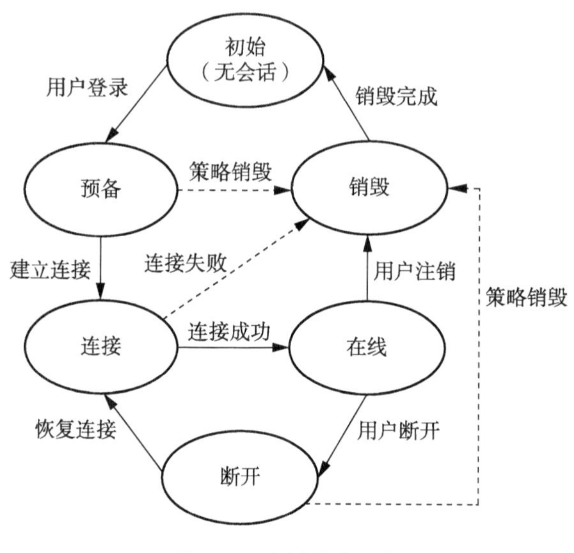


**图 6-6　会话生命周期**

（1）初始。

会话尚未建立或者已经销毁，资源由平台维护。

（2）预备。

用户从初始态发起登录后，平台对用户身份、权限以及配置进行检查，为用户本次登录调集组织资源，并在后台创建一个会话维护这些资源。如果检查不通过则直接退回到初始态。

（3）连接。

连接是一个暂态，其意义为“正在连接过程中”。前一个状态“预备态”只是完成了资源的预分配，实质上只是进行了一些标记和预留，客户端和后台资源尚未真正建立连接。而本状态才是真正的连接建立过程。根据连接成功与否，会话会很快进入在线状态或销毁状态，所以说，连接态在时间上只会是一个短暂过程。

（4）在线。

如果连接的结果是成功，则会话进入在线态。只有会话到达该状态时，用户才能基于桌面进行操作，例如打开、操作应用等。此时会话中的资源都处于活跃状态，对这些资源的实时状态监控是管理服务的一项重点职责。

（5）断开。

平台允许用户客户端暂时断开桌面服务，然后在一段时间之后再恢复服务，即用户感觉桌面又恢复到断开前的那个时间点。此时会话处于断开态，客户端与资源的连接虽然断开，但是会话仍将保持对资源的管理，直到用户触发了恢复连接的条件，断开态将经由连接态回到在线态。

（6）销毁。

销毁也是一个暂态（只有销毁和连接是暂态），其意义是“正在销毁过程中”。会话处于销毁状态时，所有所属的资源将会被安全回收，并正常关闭后台与客户端的连接。销毁态不仅是从在线态正常释放资源和关闭会话的途径，也几乎是所有其他状态发生异常或错误时的转向目标。例如，预备态和断开态可以因为空闲时间过长而触发超时策略，使平台通过销毁态释放会话资源；管理员有权通过管理服务把任意状态的会话直接转到销毁态，强制桌面服务对用户中止。销毁态完成后，将会返回初始的无会话状态。

#### 6.3.1.2 会话服务包括的四个资源

从功能角度，会话服务是用户与后台资源发生关联的中介点，除了需要维护会话自身基本的状态信息之外，它主要包含以下资源。

（1）服务器资源。

服务器资源主要是指 CPU 和内存资源。这里所说的服务器是指为用户提供应用程序运行环境的物理服务器集群，即应用服务所在的服务器。上节提到门户服务对平台资源的消耗只占很小部分，平台的主要资源都消耗在应用代理服务这一层次上，因而作为基础设施——服务器资源的管理分配是重点。会话服务在应用代理服务的配合下，可以监控到集群中各台服务器的负载情况，实践中基于负载均衡的策略对服务器进行调度分配，为各用户桌面服务的体验提供基础的均匀性、公平性保障。

（2）存储资源。

用户对应用的个性化配置、个人数据、工作成果必须在有隔离保护的前提下独立存放，支持这些数据存储的资源即存储资源。平台作为开放性的系统，可以支持存储网络、阵列乃至普通磁盘等多种类型。会话服务主要关心存储资源与用户的关联管理。当会话建立时，会话服务根据用户身份查找或创建对应的存储区域，在会话中保持维护并且保证关联关系的持久化，会话注销时安全关闭。

（3）应用列表资源。

平台的应用池中可以包含大量的应用程序，但是通常情况下，用户不能无限制地使用所有的应用。采取限制的主要原因是从安全考虑，管理员可以根据用户的身份、部门、职责等情况，为其指定一个可以使用的应用列表。此外，用户自己可以根据应用的访问频率，从应用列表中选择最常用的应用程序放到桌面上。关于应用列表资源是因用户而有区别的，并且随时可以被改变，因而这些信息也是由会话服务负责在会话中，当发生变化时，进行持久化同步。

（4）连接资源。

客户端与后台资源的连接状态与信息，也是会话中的一项重要资源。

## 6.3.2 管理服务

虽然在虚拟化基础平台中，绝大部分系统、应用的维护工作从客户端移到了服务端，但并不意味着平台的管理员要为此付出比传统信息化平台管理员更大的工作量，相反，大量的用户服务由虚拟化平台支撑，所以后台服务器的总体规模要比传统信息化平台的工作站少得多，平台的管理员工作量也仅相当于维护几台 PC 的工作量。

虚拟化应用的优势还体现在，在减少基础维护工作的同时，也为管理员提供了优化系统、提升服务质量的信息依据。其作用主要体现在以下四个方面。

### 6.3.2.1 用户信息管理

平台采用域控服务管理用户属性及用户的个性化配置。在管理服务与域控服务建立连接之后，对于管理员来说，用户在域控上的行为就是完全透明的了，管理员只需要登录控制台便可以完成用户的创建和维护。用户信息管理主要分为两个部分：用户管理和部门管理。

（1）用户管理。

用户管理员通过管理台可以方便地创建和管理用户。创建用户时，需要提供用户的登录名、显示名、用户身份描述等信息。系统会自动执行用户的创建过程，并为用户分配默认的登录密码、配置文件路径、存储路径，并将这些信息一起记录到域控服务器上。同时，为用户在存储服务器上分配默认大小的私人储存空间。为了方便管理员管理，增加系统的灵活性，平台提供了通过 Excel 表格批量创建用户的方式。如果使用已存在的域控服务器管理用户，还可以将现有域控服务中的用户选择性地导入系统。

（2）部门管理。

当管理的用户较多时，需要一种有效的机制将这些用户分类、分层次进行管理。部门管理模块就为管理员提供了可自定义的多层级部门定义和管理功能。管理员可按照单位内部实际的组织架构使用管理台创建部门架构，创建完成的部门通过树形结构展现出来。管理员可以将用户分到实际的部门下，这样在进行用户的统计和维护时，就非常清晰快捷。

### 6. 3. 2. 2　应用信息管理

应用管理是虚拟化基础平台的核心功能模块。安装在应用代理服务器上的应用必须首先将应用信息同步到管理服务中。完成应用同步之后，管理员就能够通过管理台查看并管理平台中的应用资源。应用管理模块的主要功能包括：单个应用的管理、应用组管理、应用的发布、应用审批。

（1）单个应用的管理。

对于已经同步到管理服务的应用数据，管理员能够通过管理台查看应用的图标、名称、描述，以及提供该应用运行服务的应用代理服务器的 IP 地址。如果存在多个应用代理服务器可同时提供该应用服务，管理员还可以解除应用与某个服务器的关联关系，实现提供应用的服务器资源的合理调配。

（2）应用组管理。

如果平台管理的应用较多，可以通过建立应用组的方式将现有应用进行分类管理。例如：可以将 Word、Excel、IE 浏览器等基础办公类的应用分为一组，将 OA、CRM 等业务类型的应用分为一组。

（3）应用的发布。

对于已经创建的用户，只有管理员将实际的应用发布给该用户，用户登录虚拟桌面后，才能够在应用商店中定制使用应用。在平台中，用户与应用是多对多的关联联系，管理员通过管理台可以为用户单独分配应用，也可以将应用组直接关联到某个部门，实现应用跟用户的多对多批量关联。

（4）应用审批。

应用管理员能够通过管理台查看到用户申请使用的应用信息。这些被申请的应用，有些已经被纳入管理服务进行管理，只是没有发布给申请它们的用户；有些已经安装在应用代理服务器上，但尚未同步到管理服务；还有一些应用在应用代理服务器上并不存在，需要安装配置。应用管理员要根据用户实际的需求，以及单位的政策法规来决定是否安装新的应用，或者将尚未发布的应用发布给申请人。

#### 6.3.2.3　安全行为审计

在平台中，除了用户和应用由管理员统一管理，不同角色的人员使用应用和存储资源的行为也会被系统详细地记录下来。平台对资源使用者的行为审计包括两个部分：用户行为审计和管理员行为审计。

（1）用户行为审计。

平台审计日志记录了用户从登录系统到注销会话期间的各种操作，包括登录系统、申请应用、使用应用、修改登录密码等，以及这些操作发生的具体时间。管理服务将对所有审计日志进行详细的记录、统计和分析，用户使用资源的行为轨迹和时间都能通过管理台展示给管理人员。

（2）管理员行为审计。

管理员作为统一管埋、调配资源的特殊角色，对其行为的规范化约束也至关重要。平台对管理员的每一步操作动作都记录了详细、清晰的审计记录，确保对管理员对资源的操作可查找、可追溯。

#### 6.3.2.4　资源使用状态分析

在记录用户操作行为的同时，平台对应用资源的使用情况也做了详细的记录，并通过图表的形式将各个应用使用的频率、时段以及对应用户清晰地展示出来。管理人员通过查看这些报表，能够掌握不同部门、不同角色的用户最常使用的应用是哪些，以及某个应用哪一时段使用的频率较高，这样可以有效协调各方面资源，有针对性地保障重点应用的运行。

# 6. 4　域控服务

## 6. 4. 1　概述

域控服务的主要作用是通过域控制器建立统一的控制策略，管理加入域的用户和服务器资源，保证用户能够合理安全地使用资源。

为了减轻管理员的负担，更方便地对用户资源进行统一管理，域控制器对用户的权限进行统一分配和记录。在域控制器的管理模式下，域中用户没有安装任何软件的权限，要安装或卸载应用，必须经过域管理员的授权才可以，这样可以有效避免因为用户自行下载或安装不安全的应用，导致病毒入侵或者系统文件受损的情况发生，大大提高了系统的安全性。

## 6. 4. 2　域控的安装

将普通的 Windows Server 系统配置成域控服务器，主要的操作就是在操作系统中安装 Active Directory 域控制器并建立新的域。以 Windows 2008 R2 为例，安装完操作系统后，在运行中输入 dcpromo，使用鼠标单击【确定】按钮，运行 Active Directory 域控制器的安装向导（图 6-7）。通过安装向导，部署人员可以一步一步完成域控服务的创建以及域控服务基本属性的配置。

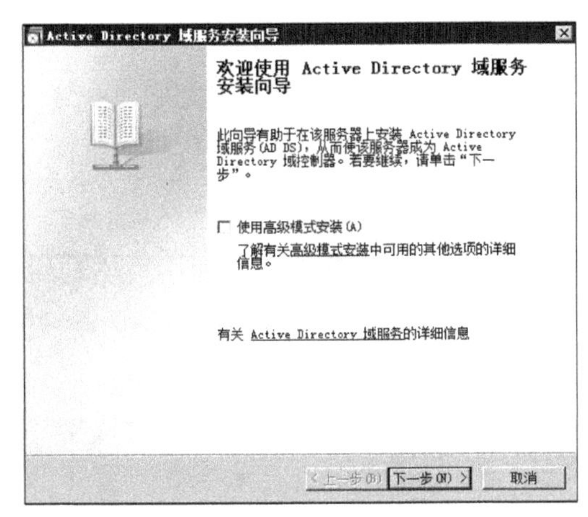


图 6-7　域控服务器安装

当用户创建第一个域控服务器的时候，会创建第一个域和第一个林。林是由一个或多个共享公共架构和全局编录的域组成，每个域都有单独的安全策略，和与其他域的信任关系。

完成林的创建之后，要在林上创建一个新的域名。域名用于标识互联网上某一台计算机或计算机组的名称，以及在网络上的位置。域名由一串用点分隔的字符串组成，最右边的部分称为顶级域名，如：corp. contosos. com。

创建域控服务时，需要为域控服务的数据库、日志文件和 SYSVOL 指定存放路径，并且需要为域控服务器创建一个符合强密码验证规则的管理员口令。

在完成以上所有配置之后，一台普通的 Windows Server 系统便被配置成了域控服务器，重启系统之后，Active Directory 域控制器便会生效。此时，需要将域控服务器的 DNS 设置为自身的 IP 地址。

### 6.4.3 域控的功能

（1）域用户管理。

和本地用户账户不同，域用户账户保存在活动目录中。由于所有的用户账户都集中保存在活动目录中，所以使得集中管理变成可能。域控制器专门存储了属于这个域的用户账户、口令以及域中的计算机等信息。当用户登录虚拟化桌面时，域控服务需要鉴定用户使用的登录账号是否存在，口令是否正确。如果以上信息有一项不正确，那么域控服务就会拒绝这个用户的登录请求。

域控服务通过对象访问控制列表和用户凭据来存储用户账户和个性化配置信息，所以登录到平台中的用户首先进行身份验证，然后会获得访问系统资源的权限。

另外，由于域控服务允许管理员创建不同的用户权限组，管理员可以更加有效地对系统进行安全管理。例如，通过配置打印机的共享属性，管理员可以允许某个组中的所有用户共享使用该打印机。类似地，管理员可以通过配置用户的组成员身份，来控制其对域某些特定对象的访问操作。

在虚拟化基础平台中，由于会话服务负责统一调度资源，并面向管理员提供一个管理台，所以管理员对域用户的维护非常简单。用户管理员无须直接登录域控服务器创建和管理用户，通过管理台便可以完成用户账户的创建及其属性的维护。

（2）组策略管理。

组策略是 Windows 操作系统中的用于进行系统配置管理的工具集合。通过设置域控服务的组策略可以实现对用户权限的管理。组策略是以 Windows 中的一个 MMC 管理单元形式存在的组件。利用组策略，系统管理员可以针对全网的计算机终端进行统一自动化的管理和策略部署，也可以针对局部特殊用户进行个性化的策略部署，一般是操作系统配置和核心安全配置。

在虚拟化基础平台中，用户主要使用的服务是虚拟应用，这些应用位于为数不多的几台应用代理服务器上。由于同一台应用代理服务器需要为多个用户提供服务，所以必须要限制用户对服务器系统资源的访问权限，将用户的“活动范围”限制在应用级别和自己私有的存储空间内。

通过设置组策略，虚拟化基础平台能够限制用户检索和访问应用代理服务器中任何本地和网络磁盘，能够限制用户访问控制面板、网络设置等系统维护模块，能够为用户设置默认的浏览器安全级别。同时，也可以通过给用户或用户组设置不同的组织权限，来实现对打印机等外设的控制访问。

## 6.5　应用交付框架与协议

### 6.5.1　概述

如 6.2 节所述，用户操作界面实际由两个层次组成，其中基础桌面部分基于 WEB 技术在客户端合成，但对于应用窗口的实现方法是不同的，平台采用了一种称为虚拟应用的交付技术来实现，如图 6-8 所示。

基于虚拟应用技术，能够达到如下的效果。

（1）用户通过客户端操作应用窗口的体验如同操作本地应用，但是应

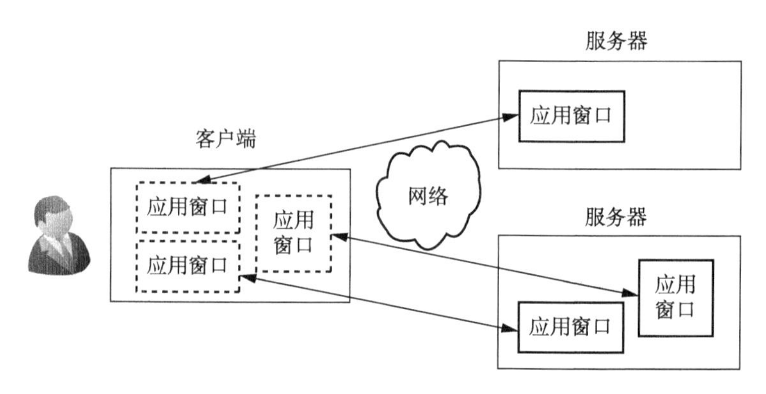


**图 6-8　虚拟应用交付**

用实际运行在服务端，客户端仅负责图像显示并提供用户输入方式。而且与传统 SaaS 仅能交付 WEB 服务不同，虚拟应用可以交付如 Word 等流行的桌面应用。

（2）应用从原始运行环境脱离，从所属桌面脱离，作为一项独立服务发布。客户端可以根据需要灵活选择接入服务，因而基于同一客户端可以选择操作 Windows 应用、Linux 应用，甚至 Mac 应用。

（3）应用运行主要使用的是服务端资源，对客户端配置的要求很低，因而客户端可以采用轻量级设备。

（4）客户端展现的各个应用窗口，既可以源自同一台服务器提供的服务，也可以基于多台服务器发布的服务合成在本地。从后台角度，该技术可以提高资源调度分配的灵活性和伸缩性；从用户角度，用户可以在客户端界面上同时操作跨平台的应用窗口。

（5）这种交付技术框架带来了一系列显著的安全性特点，主要体现在客户端本地不留存业务数据，服务端与客户端之间的网络上不传递业务数据，保障了整个交付过程的安全可靠。

### 6.5.2　虚拟应用交付的框架结构

虚拟应用交付技术的框架主要由三个部分组成：通道（协议）、客户端和服务端，如图 6-9 所示。

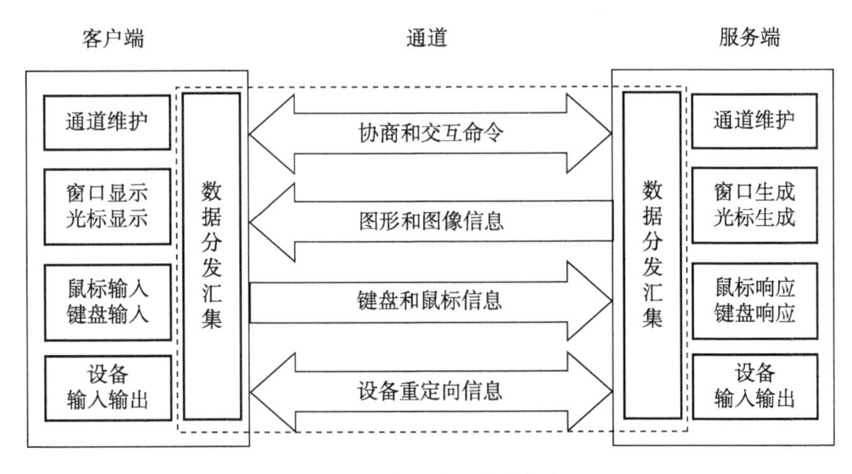


**图 6-9　虚拟应用交付框架**

### 6.5.2.1　通道（协议）

通道是沟通客户端与服务端的桥梁，无论在具体实现时是否采用单链，逻辑上总是由多通道构成，每种子通道负责一项专有功能相关信息的远程交互。典型情况下，这些子通道应当包括如下四类。

（1）协商交互命令通道。通常在通道建立、拆除以及运行维护过程中，客户端与服务端双方需要交换配置信息、功能特性、当前状态等数据，本通道即负责这类数据的双向传递。

（2）图形和图像信息通道。应用窗口的展示图像、光标位置及形态等数据，需要从服务端向客户端同步，因此该通道是单向通道。

（3）键盘和鼠标信息通道。与图形图像显示的方向相反，鼠标、键盘等标准输入设备的事件及状态总是从客户端向服务端同步，因而该通道也是单向通道。

（4）设备重定向信息通道。当用户把某种设备连接在客户端设备上时（例如 USB 设备），平台必须把设备重定向到服务端，才能通过打开的应用操作这些设备。本通道即负责交互设备的操作信息，通常是双向通道。

对通道交互模型的规定和约束即是协议。协议内容主要包括：模型定义、交互序列、数据包格式等。从下节开始将专门讨论。

#### 6.5.2.2 客户端

客户端直接面向最终用户，基于通道的支持，主要实现以下功能。

（1）对图形和图像信息通道传入的信息进行解码处理，基于本地的 GDI 系统和设备进行适应性显示。

（2）监视本地连接的键盘、鼠标、手写板等标准输入设备事件，编码后通过鼠标、键盘输入通道向服务端传递。

（3）设备重定向的本地支持。由于设备总是直接连接在客户端本地，因此客户端负责打开并操作该原始设备，同时监视该设备的自陷事件。

#### 6.5.2.3 服务端

服务端与客户端的功能相对，同样基于通道的支持作对应处理。需要注意的是，对于设备重定向功能，服务端必须在应用层之下实现一个虚拟设备，通常是在驱动层实现。从应用的角度，该虚拟设备与实际物理设备没有区别，因而应用不需要修改；但是虚拟设备并不真正处理 I/O 数据，它的作用是客户端真实设备在本地的代理，基于通道实现数据转发。

### 6.5.3 协议层次模型

在目前各种主流的虚拟桌面交付方案中，协议是其中一个关键因素，较为流行的虚拟桌面交付协议包括思杰的 ICA 协议、VMware 的 PCoIP 协议以及微软的 RDP 协议等。

本书描述的虚拟应用交付协议，原理上与虚拟桌面交付协议类似，但在交付粒度控制方面进行了延伸和扩展。虚拟桌面交付的粒度是整个桌面，显示图像按矩形区域同步和刷新，鼠标输入事件的坐标是相对于整个屏幕区域，系统没有应用窗口的概念；虚拟应用交付则细致到应用层，系统了解应用层语义，例如图像刷新是相对于每一个独立的应用窗口，输入事件也是以独立的应用窗口为目标，服务端/客户端双方还能基于协议在应用级别上实现控制和状态交互。在用户桌面的组织、后台资源的调度等方面，虚拟应用交付协议显著增强了灵活性、扩展性以及体验效果。

本系统制定和采用的虚拟应用交付协议参照了 T.120 协议族标准。T.120 原本是为多媒体会议场景定义，规定了多方参与下的交互模型并定义了实时通信标准。虚拟桌面（应用）交付的场景可以看作是多媒体会议的一种典型特例，因而制定协议时参照了T.120框架标准，以确保协议模型的完备性；同时又从实用有效的角度出发，根据虚拟桌面的特点，对T.120的某些部分进行了缺省和简化。

按照OSI七层网络模型，本协议分层模型如图6-10所示。

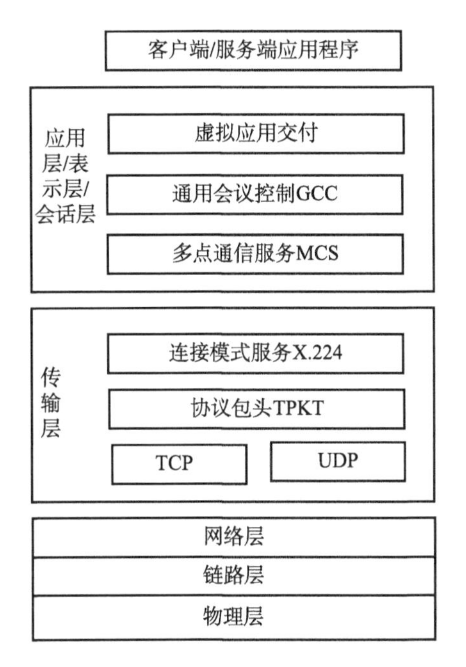


**图6-10 协议层次模型**

（1）物理网/链路网/网络层。

物理层、链路层、网络层三层根据实际情况选择相应的标准协议，典型情况下，链路层采用以太协议，网络层采用IP协议。

（2）传输层。

传输层可以基于TCP或UDP协议封装原始数据流，采用TPKT（参照T.123第8节定义）对数据流进行分包。TPKT由包头和数据组成，其中数据部分长度最大65531字节。

TPKT包头固定为4个字节，第一个字节表示版本，必须是00000011（二进制）；第二个字节保留；由三、四两个字节构成TPKT的实际总长度，包括包头长度在内，最大限制是65535字节。

TPKT封装的数据部分参照X.224数据格式定义（参照X.224第8

节），X. 224 用于处理连接模式，本标准主要涉及其中定义的 5 种结构，包括“连接请求 CR”“连接确认 CC”“断开请求 DR”“断开确认 DC”以及“数据 DT”。前四种在建立连接和断开连接过程的协议定义中使用，“数据 DT”结构用于定义数据交换期间的各项消息定义。

（3）应用层/表示层/会话层。

多点通信服务 MCS 主要处理多方参与会议时的通信控制问题。虚拟应用交付场景相当于“一个人的会议”，即服务端是会议室，客户端是参会的人。本系统中 MCS 层采用了默认（缺省）实现，不涉及多媒体会议需要处理的多方参与的复杂情况，但从结构上预留这一层次，有利于系统将来在远程协助、桌面广播等功能上的扩展。MCS 的详细内容可参考 T. 122。

通用会议控制 GCC（T. 124）主要负责会议的建立和撤销过程，以及会议过程中资源的维护和控制权的移交等。如上所述，由于虚拟应用场景相对简单，因而在 GCC 这一层次主要实现了多通道建立和双方核心配置的初始协商过程，其他部分缺省处理。

协议层次模型中的虚拟应用交付协议是整个协议的主体，定义了应用级的交互消息序列，以及每类消息各项域的类型、构成和意义。广义的虚拟应用交付协议，不仅包含这一层，实际上还涵盖了协议栈底层 T. 120 家族的各项协议以及 X. 224 协议，这些协议层共同构成了完整的虚拟应用交付的规范。

### 6. 5. 4　连接与断开过程

对于任何一种虚拟桌面交付协议来说，连接过程通常是所有过程中最复杂的。这主要是因为，虚拟桌面交付涉及多种数据流交换和多种类型的协作，而连接建立前客户端与服务端双方对对方的情况都不了解，任何一方要求支持的功能特性，都至少要通过一次交互，获得对方的确认。如果对方不能支持，还可能导致后续的交互，尝试通过降级要求寻求一致。

连接过程是由一系列具有先后次序的消息构成的，客户端和服务端交替作为协商主动方，轮流向对方提出请求，对方则回复应答。对于一些特殊的交互，请求和应答是两个独立的消息。但通常情况下，为了提高协商的效率，多数应答是隐含发送的，具体方法为：只有无法满足对方的本次请求，本方才会显示地发出拒绝，同时附带说明本方实际能够支持的情况；如果能够满足对方请求，本方直接按照次序发送下条请求而无须显示应答，这种默认态度表示确认。

本协议定义的连接过程包含二十多种的交互消息类型，且具有严格的先后顺序，后面的消息通常会依赖前面消息协商的结果。如果任何一次消息交互失败了，则连接过程中止。连接过程的顺利完成意味着，客户端和服务端已经就双方关心的问题达成一致意见，这是后面正式数据交换过程的基础。由于连接过程涉及的交互多、细节复杂，因此本节将连接过程的所有交互归纳为七个阶段（图 6-11），概括性地介绍各个阶段的目的和作用。

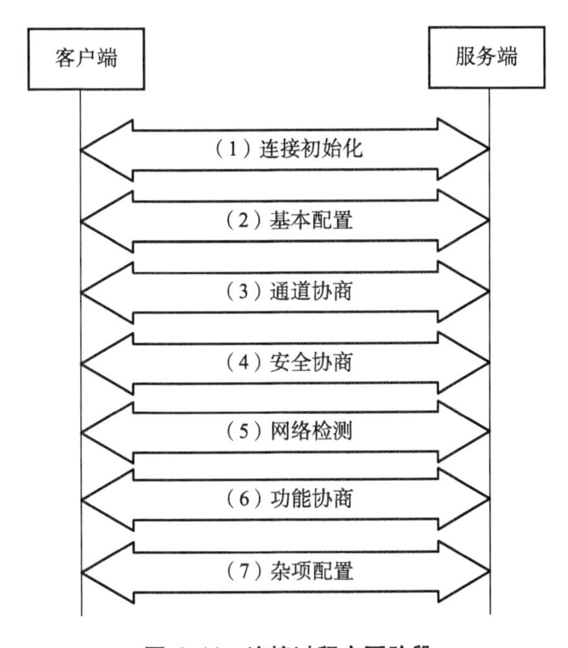


**图 6-11　连接过程主要阶段**

（1）连接初始化。

本阶段参照 X. 224 标准，包括连接发起和连接确认两个消息，本阶段传递的信息不多，主要目的是客户端向服务端发出一个通知，为后续阶段做好准备。

首先客户端向服务端发送初始连接请求，请求包含 X. 224 定义的连接请求（参照X.224第13.3节）。服务端收到请求后，记录和处理客户端发送的配置，然后向客户端回复连接确认的应答，应答包含X.224定义的连接确认（参照X.224第13.4节）。一旦本阶段完成，所有后续阶段的交互数据都使用X.224标准定义的数据单元格式进行协议封装。

（2）基本配置。

这是客户端和服务端最基本的配置信息的交换阶段。本阶段参照多点通信服务MCS标准。

主要的配置信息包括：客户端协议版本，所处硬件配置，请求桌面的尺寸、分辨率及颜色深度、键盘布局、输入法等。客户端把这些信息告知服务端，服务端根据自身的支持能力予以应答，直到双方协调一致。通过本阶段的数据交换，客户端和服务端双方即建立起通信需要的基础参数。

（3）通道协商。

本阶段参照多点通信服务MCS的标准，主要目的是协商和建立通道。

第一步：客户端与服务端协商本次能够建立的通道列表。首先由客户端提出要求，然后服务端根据自身情况从中去除不能支持的通道，再予以确认，最终协商一致。但是，对于图形图像输出以及键盘输入这两种主要类型通道，双方必须支持。

第二步：客户端按顺序发起建立通道的请求，服务端配合完成。

从本阶段开始，所有后续的交互数据，都先使用MCS数据单元进行协议封装，在此基础上，再进行X.224协议数据封装。

（4）安全协商。

为保证终端与服务器之间数据传输的安全性并兼顾效率，客户端在本阶段与服务端协商建立对称密钥，用于双方后续交互数据的加密。具体过程为：客户端本地随机产生32字节的数值，用服务端的公钥加密后发送给服务端，服务端以自己的私钥解密后得到该对称密钥。从本阶段开始，后续交互的所有数据都是加密数据。

客户端随后还会发送附加的用户安全信息至服务端，主要包括：用户名、口令和自动重连Cookie等。

（5）网络检测。

在本阶段探测客户端与服务端之间的网络连接特性，这些特性包括请求应答的往返时间和带宽情况。网络探测过程首先由服务端发起，客户端配合响应，最后在服务端产生探测结果。网络检测结果作为上层服务（即虚拟桌面服务）自动管理调节通信参数的依据。

（6）功能协商。

前面阶段主要完成通信层协商，本阶段开始协商业务层功能。由于虚拟桌面服务是一项通用服务，考虑到各类用户对虚拟桌面要求的差异，协议设计了大量的功能选项，这些功能往往与客户端、服务端的情况密切相关。因此，功能的取舍取决于两个方面：一是用户应用场景对功能的选择，二是客户端与服务端双方对功能列表能否同时支持，本阶段通过协商解决这两方面的问题。

（7）杂项配置。

本阶段完成连接过程的剩余配置信息协商。协商内容主要包括同步配置选项、协作控制选项、授权控制选项、持久化缓存数据列表、支持字体列表等。

本阶段结束之后，标志着连接过程的成功完成。客户端与服务端开始正式数据交互，交换连接管理信息和各通道数据信息。

相对于连接过程，断开过程比较简单。实际只有两种情况：一是客户端主动断开连接，这通常是用户主动从界面上发起或者直接关闭客户端电源引起的；二是服务端断开连接，通常是触发了某种策略（例如空闲时间过长而超时）而断开，或者被管理员强制断开。

### 6.5.5　基于多通道的数据交互

虚拟桌面交互过程包括了多种数据流的处理和传递，例如图形和图像、键盘、鼠标的事件、视频音频流、设备数据和控制命令等。由于数据用途和格式上的巨大差别，对这些数据的处理和传输要求也具有显著的不同。主要表现在如下几个方面。

（1）可靠性。

通道自身的控制数据、键盘事件、设备重定向的数据等，通常可靠性要求很高，不允许出现丢包、差错等情况；而图像同步数据尤其是视频流数据，则允许出现一定的丢包情况。

（2）实时性。

显示类数据的实时性要求最高，以免严重影响用户体验，键盘、鼠标事件等输入类数据也要有一定的实时性要求，其他后台传输的数据则允许一定的延迟。

（3）压缩要求。

图像视频等允许有损压缩，控制命令通常不压缩或只能采用无损压缩。每类数据通常都有对应的专用压缩算法，支持压缩级别的调整。

（4）加密要求。

不同数据类型根据其安全价值和敏感程度，有不同的加密传输要求。

正是由于这些明显差异，协议采用多通道的结构来分别对应各类数据类型。每一种通道根据需要处理数据的特点和要求，定义相应的处理方法，通道之间至少在逻辑上是相互隔离、独立运行的。虚拟桌面服务定义各条通道的优先级，在总体上负责通道间资源分配与调度。

## 6.6 应用代理服务

### 6.6.1 概述

上一节介绍了应用交付的框架和协议，框架中服务端的功能主要由应用代理服务实现。应用代理服务部署于桌面操作系统中（例如 Windows 7），把桌面操作系统的应用发布成服务，基于协议通道实现远程交付。因此，部署了应用代理服务的桌面操作系统被称作应用代理服务器。

应用代理服务负责三个主要职责：①应用交付框架的服务端，提供协议通道的服务端接口和实现。②桌面应用资源池，提供桌面应用的运行环境。应用代理服务扩展了桌面操作系统的功能，使之成为虚拟桌面系统的应用运行平台。③管理代理，负责采集服务器、操作系统及应用的运行信息，向会话管理服务报告。

### 6.6.2 基于协议通道提供虚拟应用服务

作为应用交付框架的服务端，应用代理服务最重要的职责就是与客户端建立协议通道，为客户端提供虚拟应用服务。用户在终端上操作的应用程序，并非安装和运行在本地，其原理是：服务端的应用代理服务，将运行的在自身系统上的应用，通过独享的方式交付给客户端，并依据客户端触发的事件执行应用程序，再次向客户端反馈处理结果。这样循环往复的交互都基于应用交付框架的协议通道。换句话说，客户端要想使用虚拟应用，就必须要与服务端建立协议通道，并保证通道连接。从安全性和资源利用率上来说，客户端不再使用虚拟应用服务时，则需要断开与服务端连接的通道。

（1）建立协议通道。

建立通道连接的过程是由客户端向服务端发起的，并依据协议标准进行多次协商，由应用代理服务调度服务端的相关资源，最终建立连接。在此期间，服务端作为连接请求的被动方，为客户端提供信息验证和资源配置的接口；同时，作为服务端资源调配实现者，为客户端有效准备各类资源。最终将服务端的处理结果通过应答的方式返回给客户端，客户端则依据这些响应，判断是继续连接过程，还是将其中断。

（2）利用协议通道与客户端交互。

在成功建立通道连接之后，客户端和服务端之间就可以通过不同类型的子通道进行具体应用的交互了。客户端触发启动应用的指令之后，通道会将启动指令以及具体应用的可执行程序名称，及其位于应用代理服务器的路径等信息通知服务端，服务端收到启动应用的指令后，在本地启动应用，并将应用窗口的图像通过显示通道发送给客户端。当用户使用鼠标或键盘操作应用时，位于客户端的应用窗口将鼠标或键盘事件，通过事件通道发送给应用代理服务器上实际运行的应用程序，服务端运行相应的应用程序，然后将应用程序的处理结果以图像的形式通过显示通道再次返回给客户端。如果循环往复，便实现了以通道为基础的客户端与服务端的应用交互。

（3）断开协议通道。

断开协议通道一般有两种场景。一种是应用代理服务收到断开通道的请求，服务端执行断开通道的动作。通常情况下，客户端和会话服务都可以向服务端发送断开通道的请求。另外一种断开通道的场景是服务端与客户端的网络中断，彼此之间长时间没有应答，应用代理服务则认为客户端处于非活跃状态，并将通道断开。

断开协议通道后，应用代理服务会回收一部分系统资源，但不是全部，用户正在操作的应用状态还保存在服务器的内存中。当通道再次连接后，应用代理服务会继续接受客户端发送过来的事件，并操作具体应用进行相应的运算。

### 6.6.3 管理应用资源

应用代理服务会采集和监听其宿主服务器的操作系统上的应用信息，将有价值的应用添加到应用资源池中，为会话服务的统一调用提供服务。

（1）采集应用信息。

应用代理服务安装在 Windows 桌面系统的服务器上，其内部的应用采集模块会检索 Windows 系统目录，并采集操作系统中所有应用程序的名称、描述、图标，以及这些应用的可执行程序的全路径等信息。采集到的应用信息在放入应用资源池之前会依据一定的策略过滤部分使用价值不高的应用程序，如一些后台配置、帮助服务等。

管理员能够为用户分配的应用是所有应用资源池的并集。会话服务在创建用户会话时，会根据用户所需的具体应用查找每个应用代理服务的应用资源池，选择可提供应用服务的服务器，然后再根据负载均衡策略决定使用哪一个应用代理服务器提供服务。

（2）探测应用状态。

在某些情况下，由于人为因素或应用程序自身的设计缺陷，会导致应用程序无法正常运行。应用代理服务另一个重要的作用就是探测应用程序的可执行状态。对于那些无法正常运行或已经被删除的应用程序，应用代理服务会将其从所管理的应用资源池中删除，并将被删除的应用信息通知会话服务。会话服务再次创建需要使用此应用的用户会话时，就会过滤掉不包含此应用信息的应用代理服务。当所有应用代理服务都无法提供某个应用的服务时，会话服务就会撤销这个应用对用户的发布。

### 6.6.4 管理服务器资源

在虚拟化基础平台中，会话服务作为整个平台资源的调度中心，相当于人的大脑，应用代理服务器作为实际提供虚拟应用服务的载体，相当于人的四肢，而应用代理服务的作用，就好比是大脑用于感知和触发肢体运动的中枢神经。在平台中，会话服务正是通过应用代理服务利用安装有 Windows 桌面系统的服务器为用户提供专属的会话级虚拟应用服务。

（1）配合会话服务创建用户会话。

会话服务为用户创建会话时，会根据用户所需的虚拟资源以及负载均衡策略为其选择最合理的一台或几台应用代理服务器。应用代理服务器作为构建虚拟桌面并提供虚拟应用服务的最终载体，需要提供其自身的应用及其必需的系统资源为用户构建临时的、独享的会话空间。会话服务并不会直接管理应用代理服务器的资源，而是根据策略将调配资源的指令发给应用代理服务，再由应用代理服务执行。

应用代理服务收到会话服务发送的指令后，首先在其宿主服务器的操作系统中为用户开辟独立的会话空间，并为其分配必要的 CPU、内存资源。用户操作应用的所有后台运算全部在个人的会话空间中进行。同一台应用代理服务器上可以同时创建多个不同用户的会话空间，同一个应用可以在不同的会话空间中同时独立运行，彼此互不影响，数据相互隔离。

（2）管理资源的分配与回收。

应用代理服务将其宿主服务器的资源分配成多个独立的模块供不同用户会话使用，但由于每个用户会话不同时间操作的应用不同，其所需的系统资源也不同。如果只分配固定大小资源，要么无法满足资源占用率较高应用的运算需求，要么就会造成资源的浪费。

为此，应用代理服务采用了按需分配的服务器资源分配策略，通过不断监听各个会话中资源占用率的变化情况，实时调整资源的分配，将资源占用率不断降低的会话资源调配给资源占用率持续攀升的会话，这样，同一台应用代理服务器上的系统资源就会不断地被回收、再分配，而在它上面运行的会话会被尽可能多地分配到其运行所必需的资源。

当用户会话注销时，会话服务会通知应用代理服务，把会话所占用的资源回收。被回收的系统资源会被应用代理服务统一管理，准备创建新的会话空间或分配给其他已存在的会话。

（3）监控服务器系统资源。

应用代理服务会通过主动轮询的方式不断获取其宿主服务器操作系统

的 CPU、内存等资源占用率信息，并将这些信息数据同步给会话服务。通过分析这些数据，一方面，在创建新的用户会话时，会话服务会依据负载均衡策略，自动为用户选择系统资源空闲较多的应用代理服务器创建会话；另一方面，管理员能够及时掌握服务器的运行状态，合理地安排服务器的维护工作。

## 6.7 部署模式

虚拟化基础平台以会话服务为核心，以域控服务、应用服务为支撑，将虚拟应用及相关资源通过门户服务交付给用户。平台通过三台独立服务器（可以是物理机也可以是虚拟机）实现上述服务，分别是提供会话服务和门户服务的会话服务器，提供应用服务的应用代理服务器，提供域控服务的域控服务器。此外，为保障用户个人资料的存放，还需要提供存储服务的设备资源。根据用户自身的需要，平台提供了多种不同的部署模式。

### 6.7.1 最基础部署模式

虚拟化基础平台采用模块化的结构设计，便于扩展和维护，不同的部署模式适用于不同的应用场景。对于用户较少的办公环境，可以使用一台会话服务器、一台应用代理服务器、一台域控服务器的部署模式，如图 6-12 所示，为基础部署模式。这种模式占用的设备资源较少。

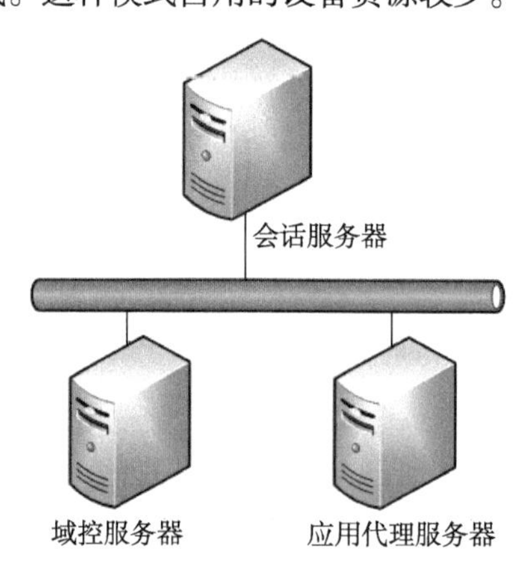


**图 6-12 基础部署模式**

### 6.7.2　多代理部署模式

当用户规模增大时，可以加大应用代理服务器的资源配置，或是增加应用代理服务器的数量。同时，多代理也保障了应用服务的高可用。一旦其中一台代理服务器出现故障，会话服务的调度机制会自动选择使用其他服务器资源，而这些都不会影响用户的使用。如图 6-13 所示为多代理部署模式。

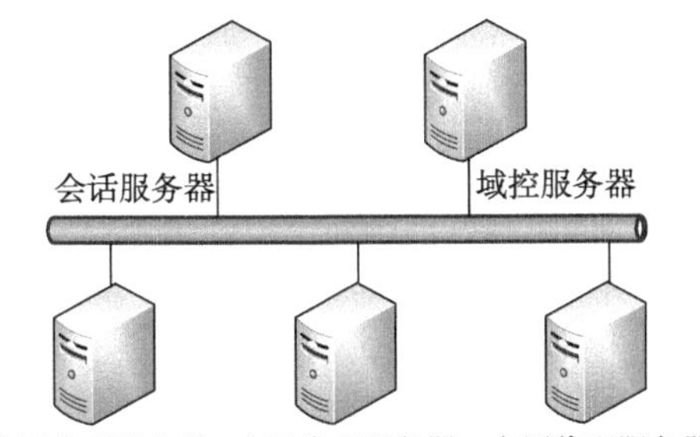


**图 6-13　多代理部署模式**

### 6.7.3　高可用部署模式

对于办公环境和业务稳定性要求较高的场景，还可以设置会话服务器的双机热备和域控服务器的双机热备，保障平台任何一个节点无法正常运行时，其服务能够迅速被备用节点接管，如图 6-14 所示。

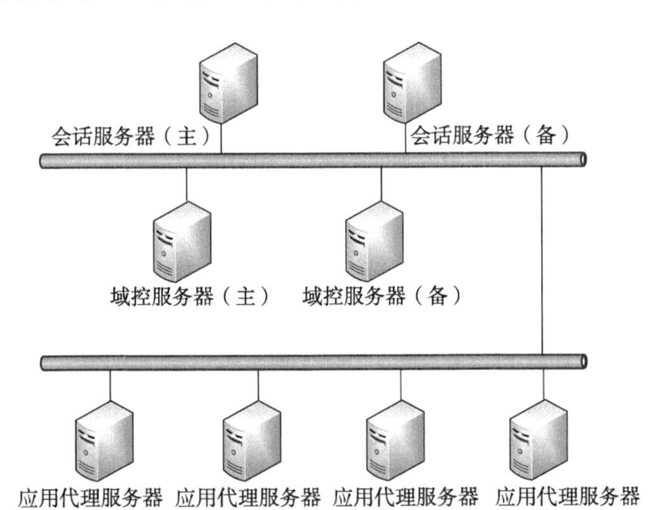


**图 6-14　高可用部署模式**

### 6.7.4 跨地域部署模式

对于跨地域使用的组织单位，还可以采用多会话管理级联的部署模式，即分别在区域中心搭建虚拟化基础平台，再通过专用网络将各个区域的会话管理服务器级联到顶级组织的会话管理服务器下，实现服务资源的分担和核心数据的汇聚，如图 6-15 所示。

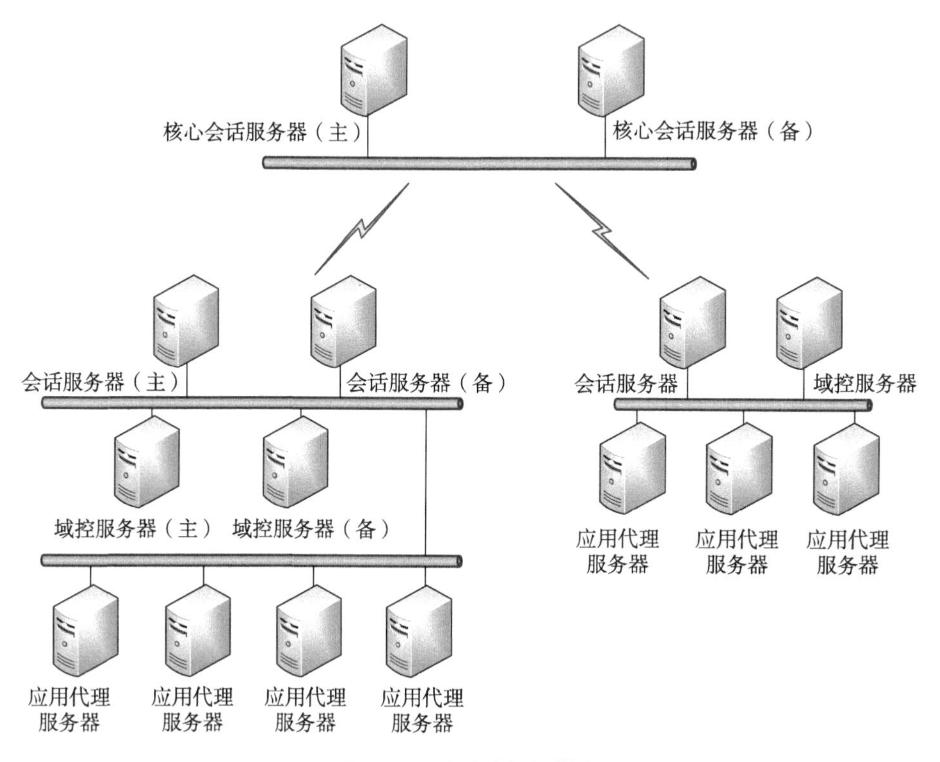


图 6-15　跨地域部署模式

## 6.8 本章小结

本章主要介绍了 GDesk 安全虚拟桌面最核心的子系统，虚拟化基础平台。首先从整体上介绍了平台的系统结构，然后分别描述了各主要组成服务的原理、功能和设计要点，包括门户服务、会话服务、管理服务、域控服务、应用交付框架和协议、应用代理服务，最后介绍了平台典型的部署模式。

第7章

# 办公应用平台设计

本章介绍 GDesk 核心子系统——办公应用平台（本章简称平台）。平台是运行在虚拟桌面系统上的桌面应用框架，主要职责是为最终用户提供丰富的办公资源内容，包括公文资源、音视频资源和应用资源等，具备分屏显示功能，提供应用的快捷访问导航。平台可以替代 Windows 系统界面作为办公应用的主要桌面平台。

本 章 导 读

- 桌面应用平台
- 资源库
- 即时通信

## 7.1 桌面应用平台

### 7.1.1 概述

办公平台主要是依托虚拟桌面平台，针对双网办公的特点差异，为内网环境下虚拟桌面用户办公提供服务。在内网环境下，由于和互联网隔离，互联网上的各种优质信息资源无法获取，而用户在日常办公生活中又需要相关的信息资源，因此，办公平台可为桌面用户提供各种办公相关的资源内容，如公文资源、文献资源、视频资源、应用资源等。

桌面应用平台本质为可独立运行的基于 Windows 的应用程序，为用户进行日常办公操作的主要区域，能够显示第三方应用程序图标，并增加多桌面和桌面分屏等功能，替代传统的 Windows 桌面显示。

桌面应用平台能够安装部署在个人计算机上，也能够安装在服务器上。在本方案环境下，桌面应用平台可部署在桌面应用服务器上，桌面应用服务器既可是物理服务器，也可是虚拟服务器。桌面应用平台能够支持多个操作系统版本，如 Windows 7、Windows XP 和 Windows Server 2008 x64 等系统。

### 7.1.2 主要功能结构

如图 7-1 所示，桌面应用平台主要功能描述如下。

（1）本地桌面。当桌面应用平台运行于用户个人计算机上时，用户需要使用本机 Windows 桌面上的应用和文件时，可以通过本地桌面功能，从其他桌面切换到本机 Windows 桌面。

（2）主桌面。主桌面是用户日常办公最常用的桌面，是用户登录虚拟桌面后的默认呈现桌面，用户主要的办公常用软件都可以放置在此桌面

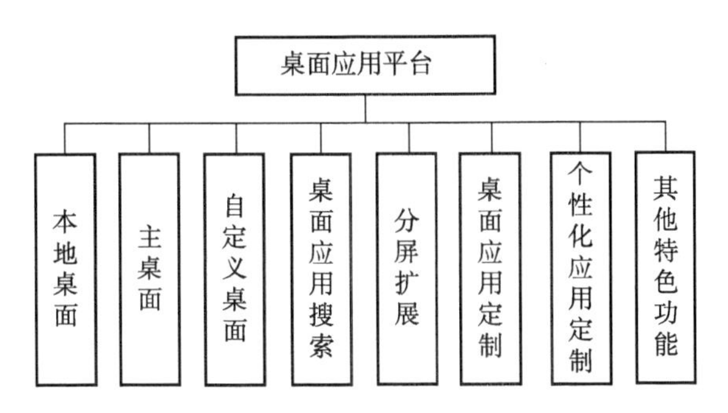


**图7-1　桌面应用平台功能结构**

上，是用户的主要办公操作区域。

（3）自定义桌面。用户可根据自己的日常应用使用习惯，建立多个桌面分类，如工作、学习、娱乐等，并在其中添加相对应的应用，规划自己的桌面分类，支持桌面个性化命名、桌面回收，并且不同大类之间的应用可以相互转移，方便桌面应用二次归类。

（4）桌面应用搜索。当用户拥有多个桌面分类和众多应用时，用户可使用桌面搜索栏，通过关键字搜索到所有桌面上含有关键字的应用，并给出相应的搜索结果集合，用户可自行筛选需要的应用，相比较人工查找，方便准确快捷。

（5）分屏扩展。当用户的桌面应用数量超过一个桌面分类屏幕所能承载的最大值后，桌面平台可自动在此桌面下创建一个分屏，多出来的应用图标会自动显示在新的分屏上。此外，用户还可以自行创建新的分屏，自由移动不同分屏之间的应用图标，自行手动回收空闲的分屏。

（6）桌面应用定制。在虚拟桌面环境下，根据用户日常工作的内容，管理员可以为不同类型的用户统一定制不同的桌面应用选择方案，保障用户的日常办公工作，同类型的用户就可以在工作区域内的任何计算机上进行日常办公。

（7）个性化应用定制。在本地单机环境下，用户可以自行添加本地应用和Web应用到桌面平台，拥有属于自己的个性化的桌面。

（8）其他特色功能。包括：①桌面分类格子：在当前屏幕内对应用图标进行归类显示；②最近使用栏：记录最近使用的10个应用，方便用户再次使用；③搜索栏：桌面应用和各库资源搜索的统一入口。

### 7.1.3 主界面设计[18]

如图 7-2 所示为桌面应用平台主界面。虚拟桌面平台本质是一款运行于 Windows 之上的应用软件。通常 Windows 本身提供一个桌面，所有的应用软件都运行在这个桌面系统上，受显示器分辨率的限制，桌面不可能很大。随着计算机软硬件使用率的提升和快速发展，用户往往会同时开启几个甚至几十个应用程序窗口，用户管理这些大量的窗口非常困难，经常为了激活一个应用程序而翻遍很多的窗口。而政务办公桌面就是为了解决这个问题，在显示器上虚拟了一个非常大的虚拟桌面，使用户能够非常方便地操纵桌面上的所有应用程序窗口。

**图 7-2　桌面应用平台主界面**

在操作系统提供的真实桌面之上，虚拟桌面平台构建了一个外观以切换栏显示的虚拟桌面框架。每一个栏目代表一个桌面，可称之为可视桌面，其余的桌面都是虚拟的，只有可视桌面上的窗口能够被显示出来，它的主要功能设计如下。

（1）虚拟桌面平台给应用程序提供了一个超大的虚拟桌面空间，用户可以将应用程序放置到虚拟桌面的任何一个位置，但是只有在可视桌面上的窗口才会显示出来。

（2）虚拟桌面平台支持通过键盘和鼠标来控制可视屏幕在虚拟屏幕上的滚动，或者直接跳转到虚拟屏幕的某个部分，从而使用户更加方便地操作窗口，并且提供了多种控制方式。

（3）虚拟桌面平台支持保存和恢复桌面程序。对于经常需要一次性打开很多窗口的用户来说，在系统资源足够的情况下，可以首先将所有要打开的应用程序全部打开，然后使用桌面的存储功能，把当前打开的应用程序状态全部保存起来，下次就可以使用桌面恢复功能方便地重新启动这些应用程序。

（4）虚拟桌面平台提供窗口排列功能。用户可以将所有窗口均匀地排列在虚拟桌面上，或者将所有的窗口都放在可视桌面上，供用户选择操作。

（5）虚拟桌面平台提供切换栏窗口自动隐藏功能。当鼠标移出切换栏窗口时，桌面切换栏自动收缩隐藏于桌面顶端。当鼠标重新放在切换栏区域一段时间后，桌面切换栏自动下拉显示于桌面顶端，这样给用户提供了更大的工作空间。

### 7.1.4　桌面应用平台软件架构

如图 7-3 所示，虚拟桌面平台（VDP）采用插件技术支持功能扩展。各插件分别实现特定的功能模块，如本地桌面管理、搜索栏功能等。各插件均由独立的进程实现，插件之间、插件与主进程之间采用消息机制相互通信。

由于各插件运行在独立的进程中，所以插件之间不会产生干扰，可以提高系统整体的可靠性。此外，主进程只需要实现简单的插件管理、桌面切换等功能，大量的功能扩展都通过插件实现，从而可最大程度提高主进程的可靠性。

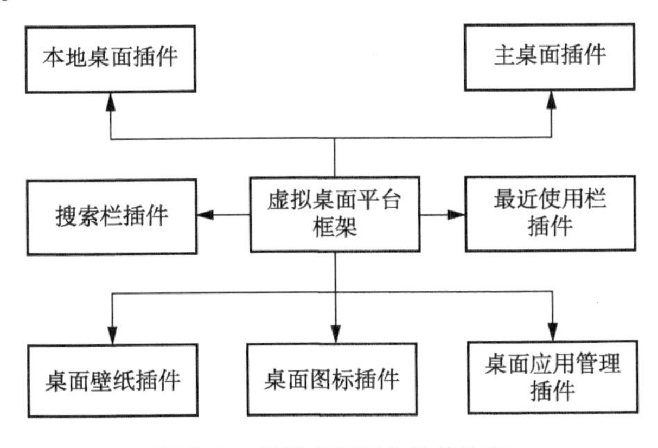


**图 7-3　虚拟桌面平台软件构架**

此外，采用插件框架可以使桌面平台更灵活地支持不同的部署环境。当部署在物理服务器或个人计算机上时，就可以禁止掉虚拟环境的桌面插件；而在虚拟环境下运行时，启用相关的桌面插件即可。

### 7.1.5 虚拟桌面平台框架

虚拟桌面平台框架实现以下功能。

（1）插件管理。这包括插件加载、卸载、启用与禁用等。虚拟桌面平台框架分别使用插件列表与禁用插件列表管理扩展插件。

（2）虚拟桌面切换。实现在多个虚拟桌面之间切换的功能。虚拟桌面平台本身并不能做成一个比实际屏幕分辨率大很多的真实桌面，而是在系统内部建立一个应用程序窗口的信息链表（图 7-4），这个链表中存储了这些应用程序窗口的位置、大小、状态等必要的信息，从而将用户所能够看到的那些应用程序窗口进行统一管理。当切换桌面时，虚拟桌面平台框架根据存储的窗口信息显示或隐藏应用窗口。

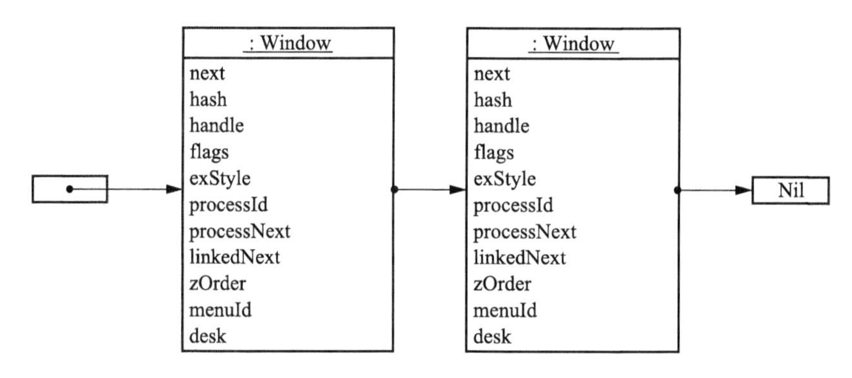


**图 7-4　应用程序窗口信息链表**

（3）消息挂钩。虚拟桌面平台框架使用了以下几种消息挂钩方式：鼠标消息挂钩，用来截获系统鼠标的消息；键盘消息挂钩，用来获取系统键盘消息。消息挂钩实现基于热键或鼠标操作切换桌面的功能，系统使用一个热键数组来管理所有注册的热键。

（4）崩溃处理。注册 SIGINT、SIGTERM、SIGILL、SIGABRT、SIGSEGV 等可能导致系统崩溃的信号处理器，避免由于虚拟桌面平台崩溃而丢失用户打开的窗口。

（5）自定义桌面管理。功能包括支持添加新桌面，对桌面重新命名，以及删除桌面等；

（6）桌面配置管理。实现用户虚拟桌面配置信息的读取、修改与存储功能。虚拟桌面配置信息采用加密文件进行保存。

（7）窗口规则管理。窗口规则用于实现对特定类型窗口的加强管理。窗口规则由规则ID和规则设置组成。规则ID指定窗口类名称、窗口名和/或程序名称；规则设置指定应用于规则ID的管理功能，包括：①自动关闭窗口：虚拟桌面一旦检测到规则ID所指定的窗口被打开，就立刻关闭；②窗口置顶：虚拟桌面将规则ID所指定的窗口置顶；③在所有虚拟桌面显示：对于某些特定的应用（如IM通信程序），用户可能希望无论自己切换到哪一个桌面，都能及时查看接收到的消息。对于这类型的应用，就可以通过窗口规则设置为在所有虚拟桌面显示；④自动移到虚拟桌面：当用户启动给定规则ID的窗口时，总是自动移动到给定虚拟桌面；⑤隐藏任务栏按钮：在任务栏上隐藏给定规则ID的窗口。

## 7.2 资源库

### 7.2.1 软件架构

#### 7.2.1.1 资源库软件的构成

资源库软件主要有五层结构，如图7-5所示。

（1）系统层。分布式文件系统，管理存储的资源文件；数据库，保存系统元数据信息；NoSQL，保存系统操作日志与搜索数据。

（2）基础服务器层。提供系统基础服务，包括缓存服务、消息引擎、搜索引擎等。

（3）业务服务层。对业务提供真正的业务服务，包括空间管理服务、IM服务、资源服务、安全服务、运营服务、流媒体服务等。

（4）安全层。提供统一认证加密等单点认证安全服务。

（5）接口层。整个系统对外暴露的服务接口与协议组成，协议支持标准SIP，WebDAV等标准协议，对外暴露的可编程服务接口全部采用

RESTFul 风格的 WEB 服务。

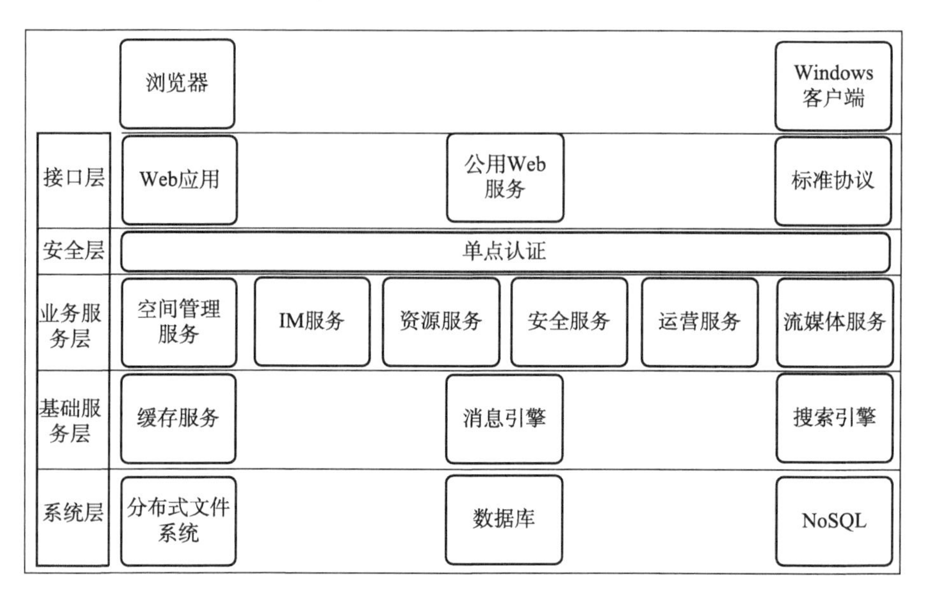


图 7-5　资源库软件结构

### 7.2.1.2　资源库软件的主要功能

资源库软件主要功能包括：组织机构管理、用户管理、资源分类管理、资源授权管理、用户口令管理和资源导入，下面分别进行介绍。

(1) 组织机构管理。管理员可以根据本单位情况建立单位组织机构数据，如图 7-6 所示。

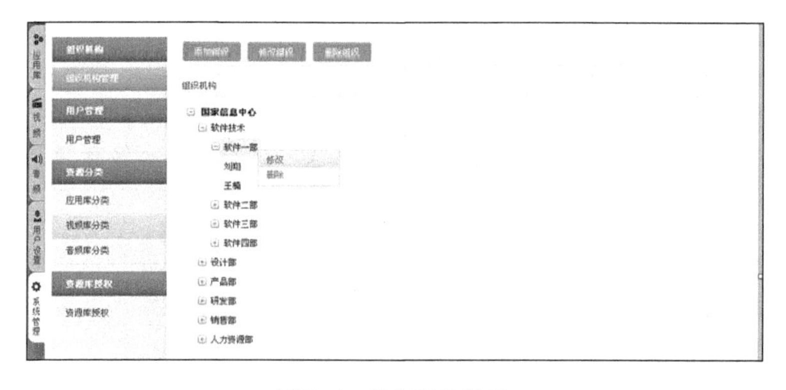


图 7-6　组织机构设置

（2）用户管理。管理员可以根据单位情况增加（导入）或删除用户，也可以重置用户登录密码，如图 7-7 所示。

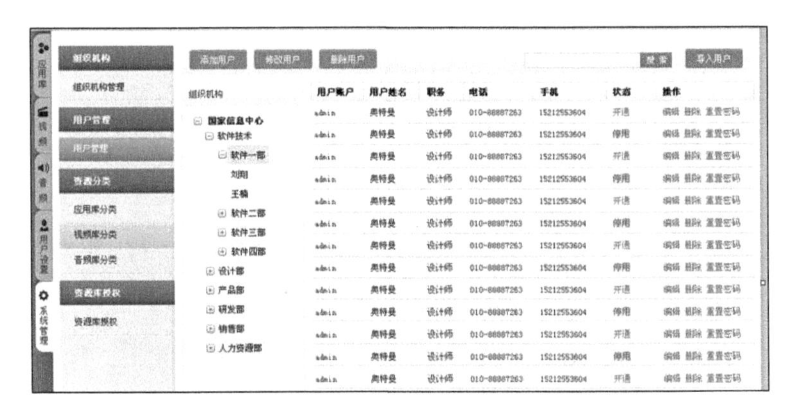


图 7-7　用户管理界面

（3）资源分类管理。管理员可以根据单位实际情况建立资源或删除分类，如视频、音频等，如图 7-8 所示。

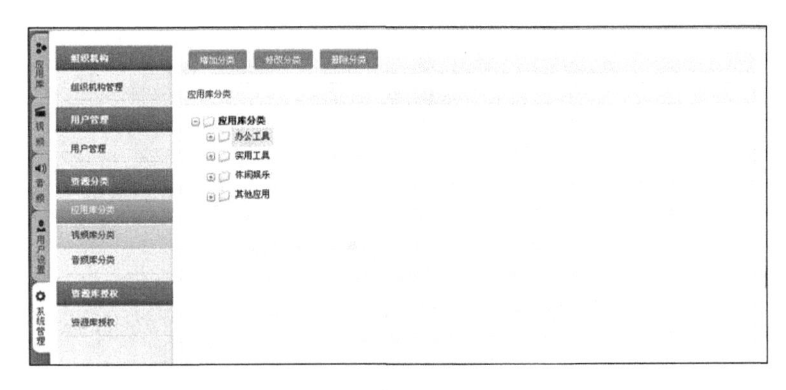


图 7-8　资源分类界面

（4）资源授权管理。管理员对资源分类进行权限设置，添加用户并确认用户对应角色（读者、编辑者），如图 7-9 所示。

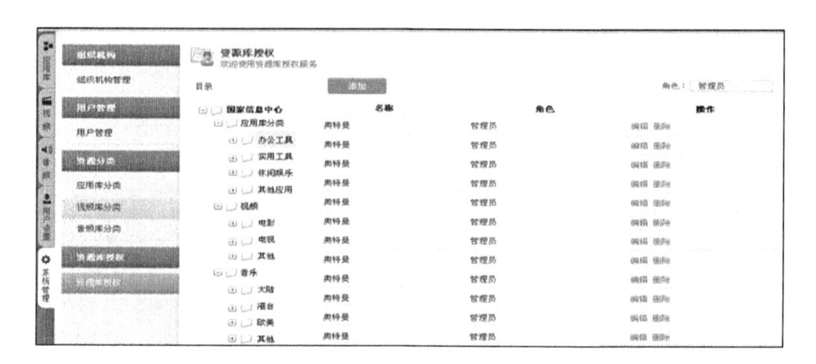


图 7-9　资源授权管理界面

（5）用户口令管理。用户可以重新设置自己的登录密码，保证系统安全性，如图 7-10 所示。

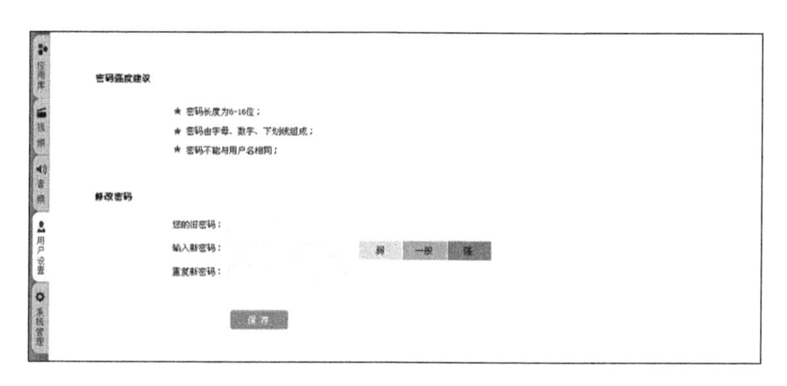


图 7-10　用户口令修改界面

（6）资源导入。方便管理员用户从服务器后台批量增加资源库中的资源，采用命令行方式，命令为：importRS　参数一　参数二。其中：参数一是具体资源分类；参数二是资源来源目录（视频格式支持：mp4/3gp/mov、音频文件支持：mp3）。

## 7.2.2　扩展应用

### 7.2.2.1　应用库

应用库收集整理大量常用应用软件，应用主要类型包括办公工具、实用工具、休闲娱乐等。应用库定期进行资源的更新，提供相应主题的搜索功能，方便用户快速准确地找到需要的资源。用户可以通过使用鼠标单击拖拽方式，在虚拟桌面或自定义桌面上添加相应的应用软件。

应用库收集和整理大量常用软件，根据用途进行分类，并提供应用软件名称关键词搜索功能，用户可以方便快捷地查找所需要的软件。应用库中的应用软件都是通过严格筛选的，使得软件的来源得以保证，同时，库中的应用软件都是经过严格的病毒木马查杀的，保证应用的可靠性和安全性。应用库中的软件统一及时进行版本更新，保证用户能够获取最新版本的应用。

对于内网用户，资源比较匮乏，又无法连接互联网，但是在日常办公中以及工作之余的休闲娱乐中，又会经常用到相关应用软件，有了应用库后，他们就可以很方便地获取需要的应用软件了。

应用库使用流程如图7-11所示。

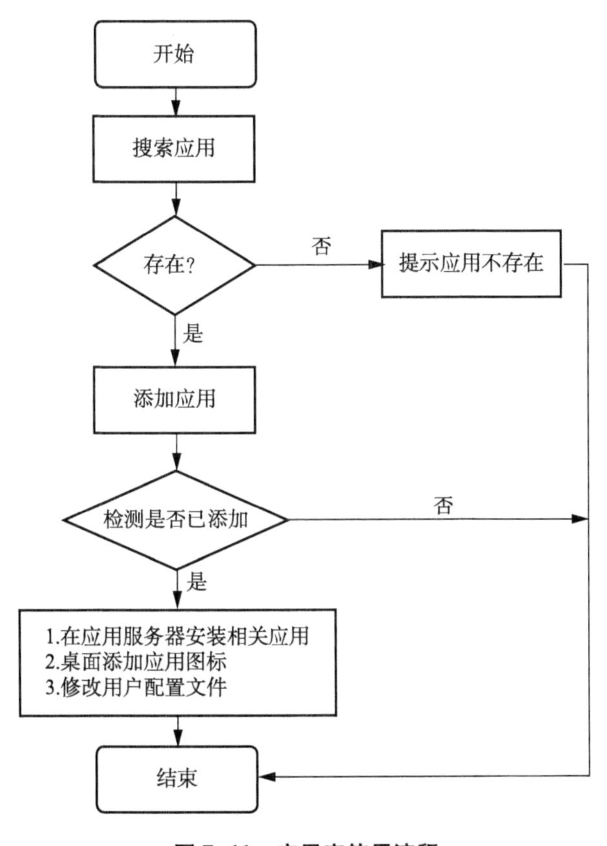


**图7-11　应用库使用流程**

最终用户可以先在应用库中按应用名称搜索应用，如应用存在，则可以通过添加应用把选择的应用添加到对应服务器中，并在桌面添加应用快捷图标，如应用不存在，则管理员可以根据下面的资源添加方法增加应用到应用库中。

（1）资源添加。资源添加是指作者可以上传应用，以便普通用户可以下载应用。在应用库界面（图 7-12），选择要上传应用的分类，使用鼠标单击【资源增加】按钮，选择要上传的应用，上传成功后就可以在页面找到刚上传的应用，如图 7-13 所示。

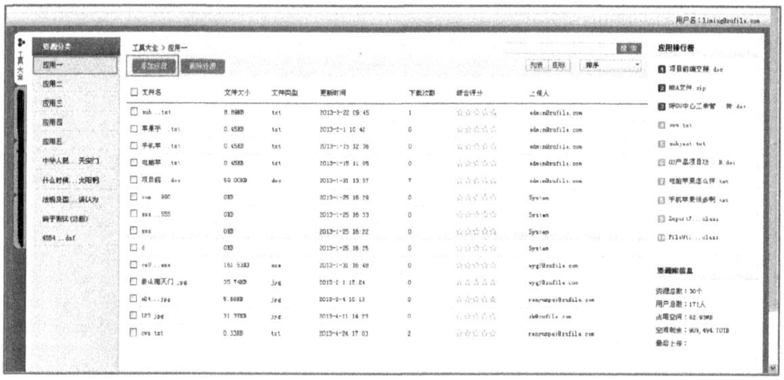

**图 7-12　资源添加界面**

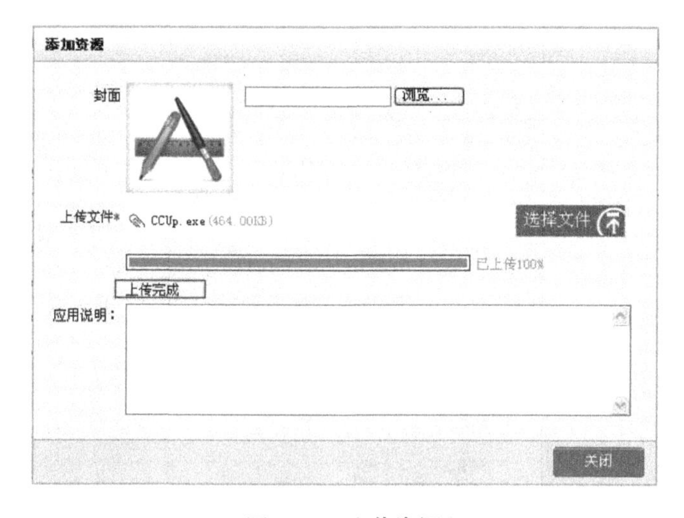


**图 7-13　上传资源**

（2）删除资源。删除资源是指将不再需要的应用进行删除。在应用库界面，选择要删除应用的分类下面要删除的应用，使用鼠标单击【删除资源】按钮或者右键单击资源名称，选择【删除】命令，如图 7-14 所示。

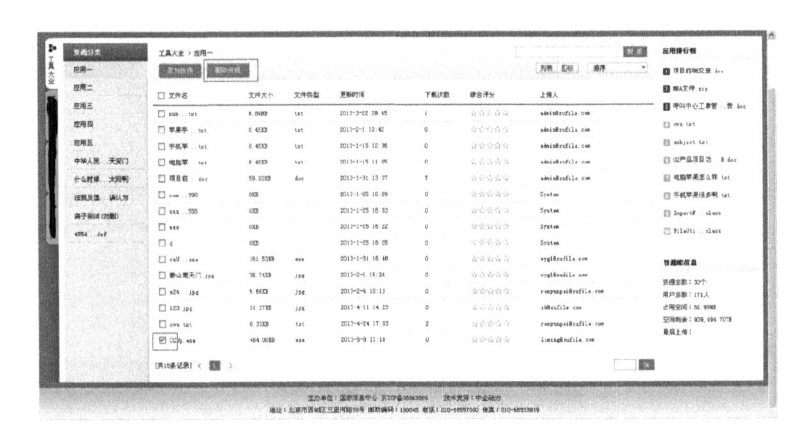


图 7-14　删除资源

（3）下载资源。当需要下载任意资源时，使用鼠标单击资源名称或者右键单击资源名称，选择【下载】命令。用户可以选择是保存还是直接打开，如图 7-15 所示。

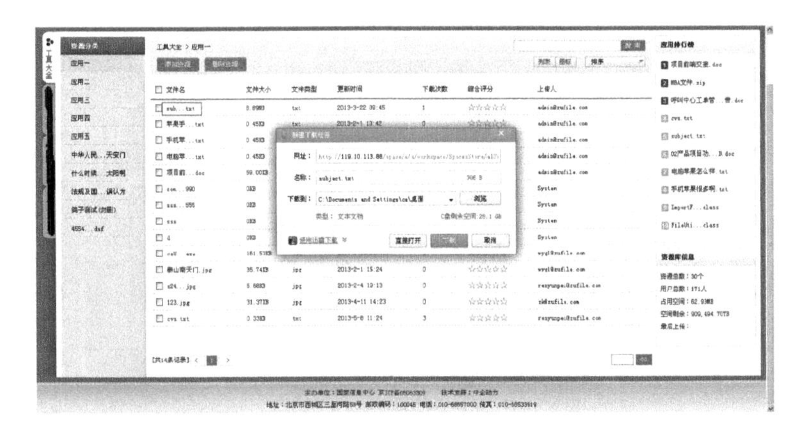


图 7-15　下载资源

#### 7.2.2.2　文献库

文献库作为独立的桌面应用，是各种文献资源的展示平台。文献库收集整理大量常用文献，资源主要类型包括书籍、报刊、政府文件等，对每种类型资源根据内容和特点，进行进一步类型划分，定期进行文献的更新。文献库还提供相应主题的搜索功能，方便用户快速准确地找到所需要的资源。

#### 7.2.2.3 音频库

音频库收集整理大量的音乐资源，并按照格式、歌手、专辑等信息进行分类，当用户在日常工作之余，通过音频库选择自己喜爱的音乐资源，在线或下载保存到自己的个人存储空间中进行欣赏，丰富了内网用户的业余生活。

如图 7-16 所示说明了音频库使用流程。

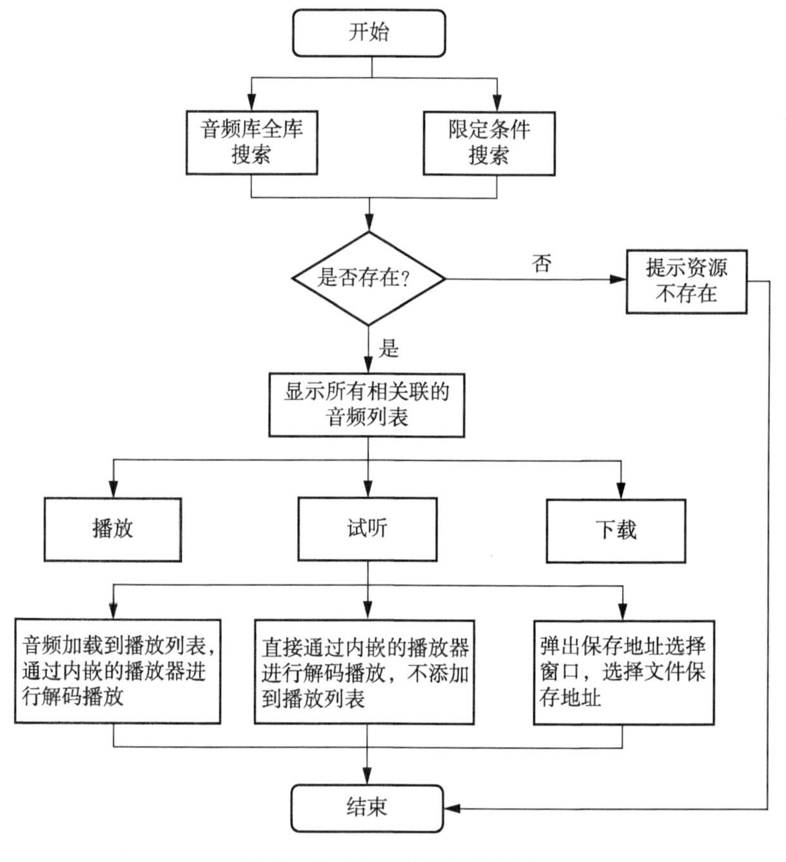


**图 7-16　音频库使用流程图**

（1）我的音乐（图 7-17）。我的音乐是指用户播放了一首歌曲，系统就会把这首歌曲添加到我的音乐列表中，以便下次重复播放。

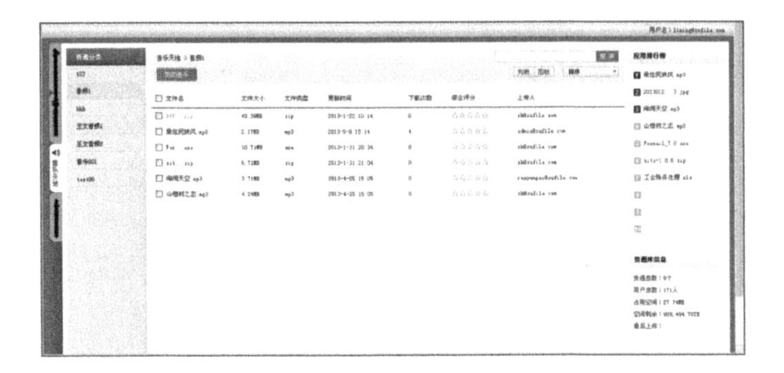

图7-17　我的音乐界面

（2）播放音乐（图7-18）。当用户要播放分类里任意音乐时，使用鼠标单击资源名称，系统自动播放或者右键单击资源名称，选择【试听】命令。

图7-18　播放音乐

（3）下载资源（图7-19）。当用户需要下载任意资源时，使用鼠标右键单击资源名称，选择【下载】命令。用户可以选择是保存还是直接打开。

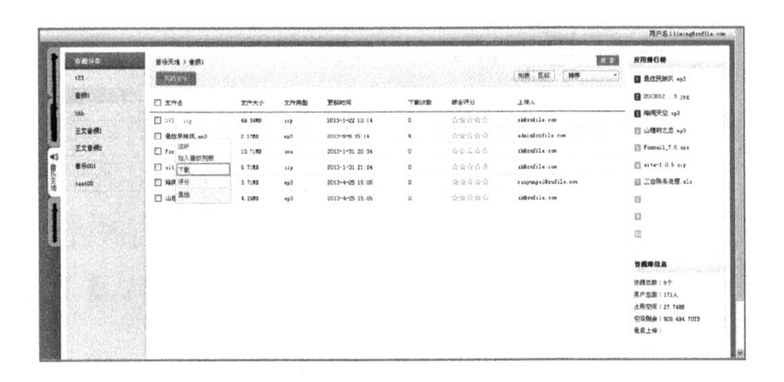

图7-19　下载音乐资源

（4）资源评分。评分是指用户可以对视频进行评价。使用鼠标右键单击资源名称，选择【评价】命令，选择要评价的等级，使用鼠标单击【确定】按钮立即生效，如图 7-20 所示。

**图 7-20　音乐资源评分**

（5）查看属性。使用鼠标右键单击资源名称，选择【属性】命令，用户可以查看到所有信息，如图 7-21 所示。

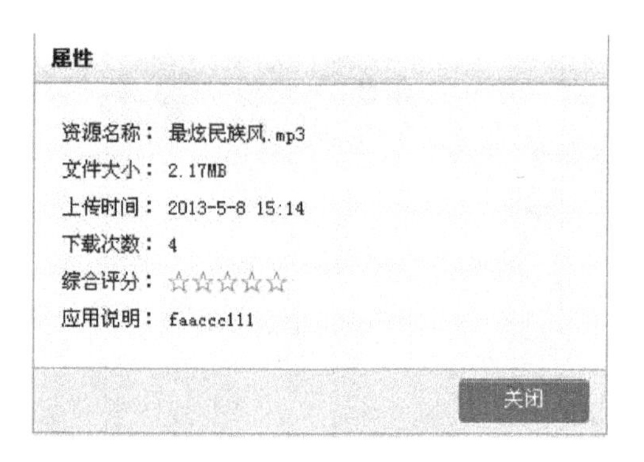


**图 7-21　查看音乐资源属性**

### 7.2.2.4　视频库

视频库收集整理大量的电影和电视剧等视频资源，资源质量较好，一般为标清或者高清视频，并按照年份、产地等信息进行分类。用户在日常工作之余，可以通过视频库选择自己喜爱的视频资源，进行流畅的在线播放，或者下载保存到自己的个人存储空间中进行欣赏，丰富了业余生活。如图 7-22 所示展示了视频库使用流程。

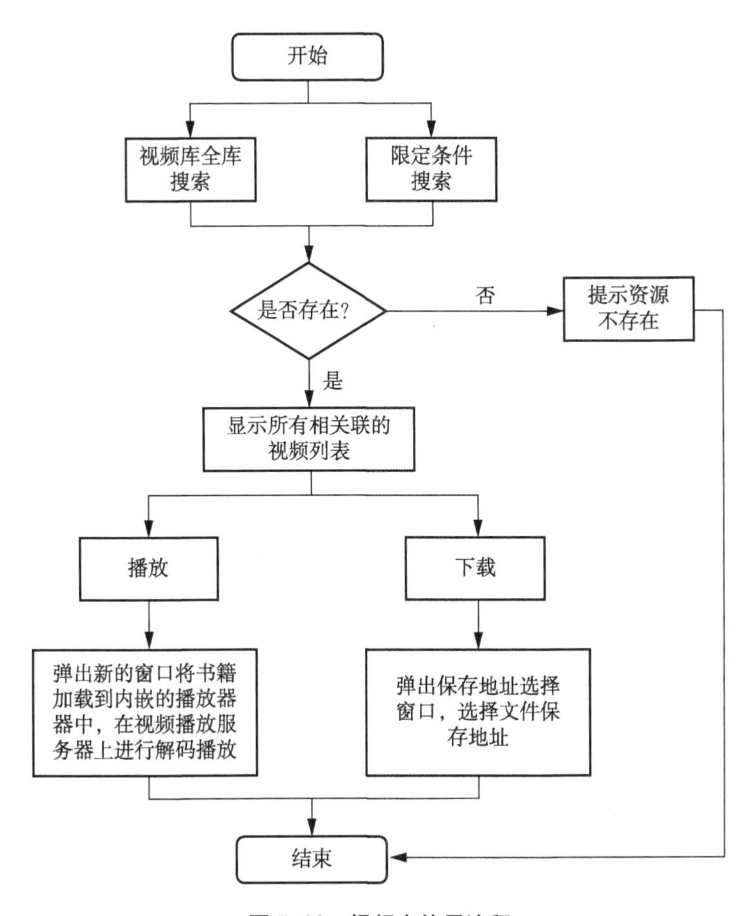


**图 7-22　视频库使用流程**

（1）视频播放。当用户要播放分类里任意视频时，使用鼠标单击资源名称，系统自动播放，或者使用鼠标右键单击资源名称，选择【播放】命令，如图 7-23 所示。

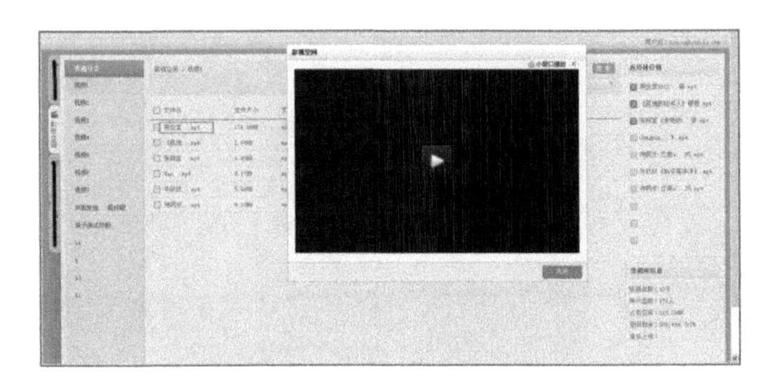

**图 7-23　视频播放**

（2）下载资源。当用户需要下载任意资源时，使用鼠标右键单击资源名称，选择【下载】命令，用户可以选择是保存还是直接打开，如图 7-24 所示。

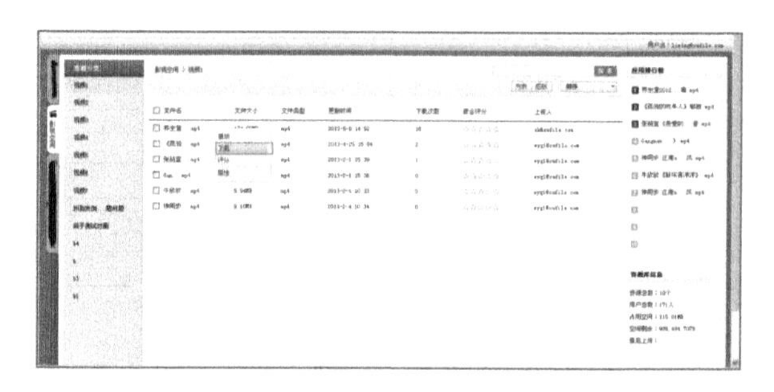

图 7-24　视频资源下载

（3）资源评分。评分是指用户可以给视频进行评价。使用鼠标右键单击资源名称，选择【资源评价】命令，选择要评价的评分等级，使用鼠标单击【确定】按钮后命令立即生效，如图 7-25 所示。

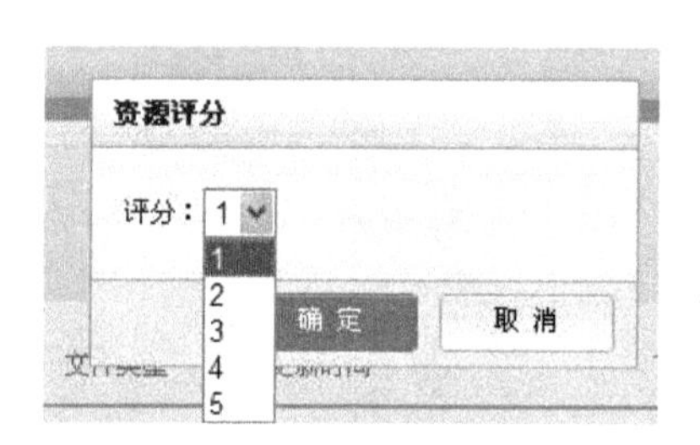


图 7-25　视频资源评分

（4）查看属性。使用鼠标右键单击资源名称，选择【属性】命令，用户即可以查看到所有信息，如图 7-26 所示为视频资源属性显示内容。

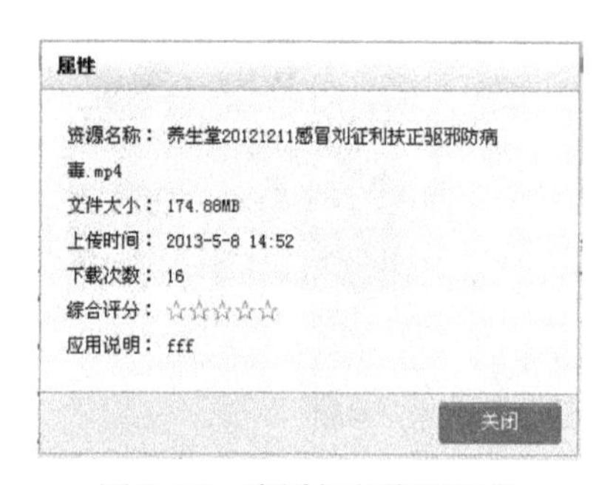


图 7-26　查看视频资源属性

### 7.2.2.5　模板库

政府企事业单位办公人员日常的工作中，经常会涉及公文撰写。由于公文的种类繁多，并且对于格式和语言有严格的要求，就需要参考相关的模板。模板库提供多种类型公文的标准示例和写作要点说明，供用户进行参考和改写，提高了工作的效率和准确度。

（1）公文模板展示。模板库（图 7-27）对于不同种类的公文模板文档进行了详细的分类，例如会议纪要、便条、公告、函和报告等，并提供了“.pdf”和“.doc”两种格式的示例文档，用户可以进行内容预览，并能下载进行文件编辑修改。

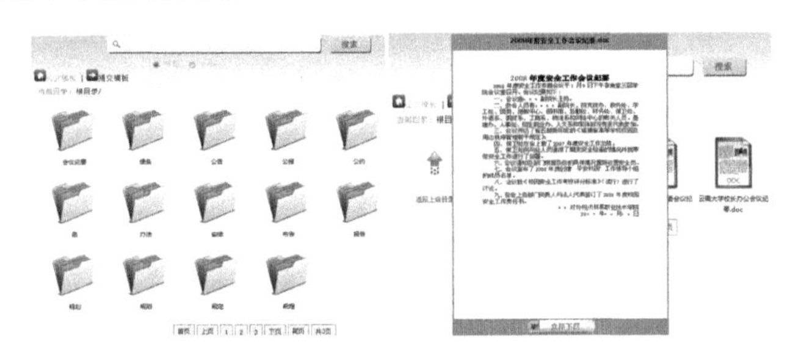

图 7-27　模板库

（2）公文搜索。公文种类繁多，文件层级管理，直接逐级查找需要的文件难度大，定位不准确。用户可以通过搜索栏直接输入关键字，就能在整个模板库中搜索到包含该关键字的公文，定位准确、方便快捷，如图 7-28 所示。

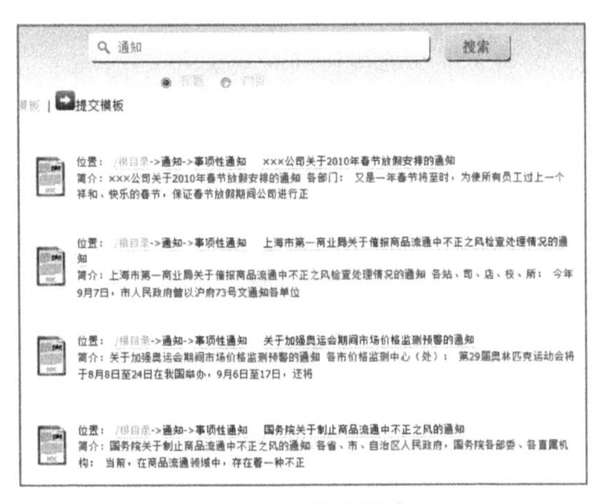


图 7-28　公文搜索

（3）公文上传。虽然模板库拥有大量种类繁多的公文模板，但是也不一定能够满足所有用户的需求，而且不同的单位还拥有属于自己单位特色的办事模板。用户单位可以根据自身单位需求，通过公文上传功能（图7-29），将单位内部的办事模板上载到模板库，方便日常办公使用。

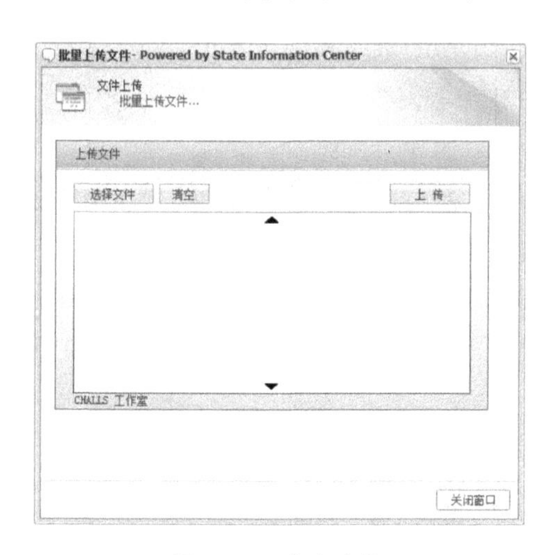


**图7-29 公文上传**

1）文档在线浏览基本原理。

文档在线浏览功能主要是以Flash形式在网页上展示文档，主要确定两方面内容，一是展示Flash的样式，二是将文档转化为符合格式的Flash形式。

展示Flash的方式有两种：一种是直接生成Flash完整地展示出来，可以用工具SWF Tools将pdf文件直接转化成一个整体的Flash展示，但这种方式制作出来的文件较大，不容易生成和播放，因此用得较少。另一种是用播放器直接播放Flash，这是主流播放方式，例如，利用开源的Flex Paper播放器，可以一帧一页地播放Flash（SWF文件）。

将文档转化为Flash的转换方式有很多种。一般是将文档首先转化成pdf，然后将pdf转化成Flash。把文件转化为pdf的方法有很多，虚拟打印机可以提供这种功能，Microsoft Office的API也提供这种功能，或者使用Open Office工具进行转化等。在转化的过程中，可能会因为文档错误、被损坏、被加密等原因，导致无法转化的情况发生。从pdf转化为Flash就非常简单了，直接使用 SWF Tools 的 PDF2SWF 软件即可实现多种方式的转化。

SWF Tools 是一组非常实用的专门用来处理 Adobe Flash SWF 文件的工具包。工具包中有文件读取工具、编译工具和生成 swf 文件的工具。其中，有一款 PDF2SWF 工具的主要功能是将 pdf 文件转换成 swf 文件。有了这个工具，用户在文件转换时，首先将文档转换成 pdf 文件，再利用这个工具将 pdf 转换为 swf 文件就可以了。

2）iOS 平台文档浏览基本原理。

由于 iOS 平台不支持 Flash 文件播放，所以在 iOS 平台下，实现文档在线浏览，不能采用上述将文档转换为 swf 文件的方案。在 iOS 平台下，需要将文档转换为 html 文件或图像文件。

3）文档预览基本原理。

文档预览即在网页上显示文档的缩略图。通常情况下，需要生成文档第一页的缩略图。生成文档缩略图的基本思路是：第一，文档转换为 pdf 或 swf 文件；第二，将 pdf 或 swf 文件进一步转换为图像文件（如 jpg 或 gif）。

4）全文检索基本原理。

搜索引擎是利用全文检索技术对信息进行搜索的一种软件工具，以此来提高对信息获取的效率。全文检索技术是通过对文章进行全文扫描，将文章内容拆分成为词组，并对词组进行索引，记录在文章的位置以及文章中词的位置、权重，当用户查询时，在索引中搜索用户给出的关键字，返回文章位置的软件技术。

搜索引擎从整体上可以分为三部分：数据更新，索引的编制与存储，索引搜索。

搜索引擎采用了不同于关系数据库的索引方法，通常的关系数据库采用的是正向索引，也就是对数据本身进行索引处理，而搜索引擎采用的是逆向索引，索引的数据不是信息本身，而是经过处理的信息片段，再利用索引技术对信息片段进行索引。

对于搜索引擎这类大型系统，可进行分层设计，将不同的功能划分到多个层次当中；明确功能需求，设计时采用最小功能原则，每个组件或者子系统将功能最简化，达到降低系统耦合度的目的。

搜索引擎的核心处理部分包括全文检索系统、查询系统、更新系统和控制系统。全文检索是搜索引擎的逻辑系统，而查询系统和更新系统则属于辅助部分，通过控制系统将其他子系统结合起来完成搜索引擎的全部工作。

模板库基于开源软件 Sphinx 实现全文检索功能。

## 7.3 系统部署结构

如图 7-30 所示，系统部署由多台逻辑服务器组成，包括数据库服务器、存储服务器、NoSQL 服务器、用户中心服务器、资源服务器、流媒体服务器、IM 服务器、Web 应用服务器。

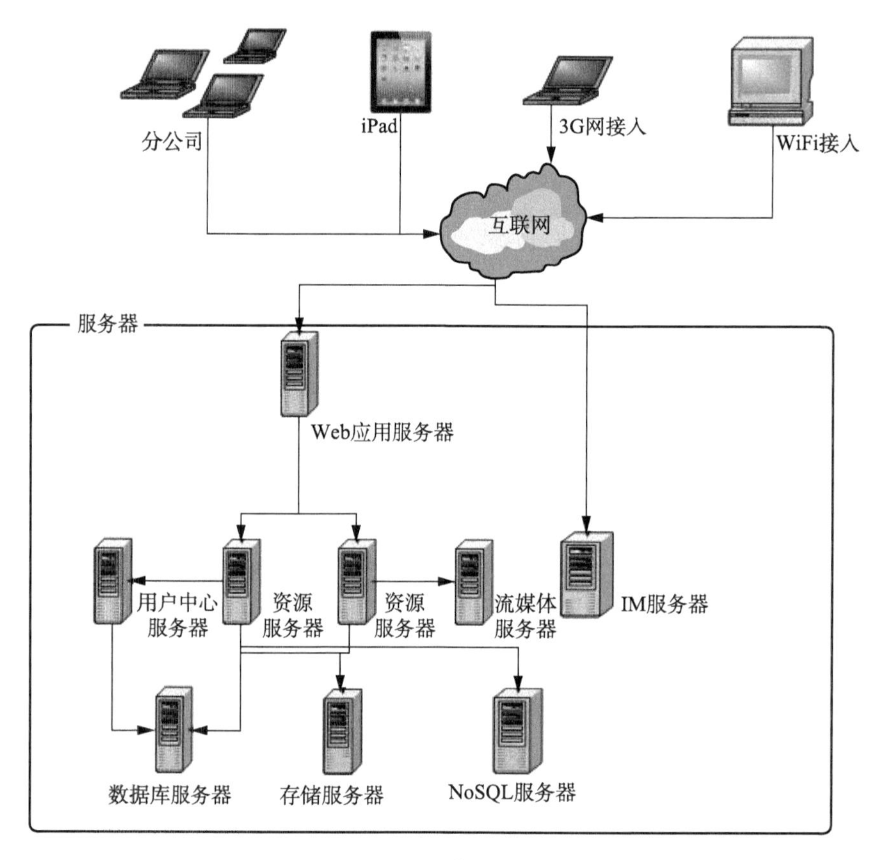


图 7-30 系统部署结构

这些逻辑服务器可以根据用户的实际情况，分别部署到实体服务器上，也可以集中部署到 2 台实体服务器上，服务器的安装采用服务应用标准安装方式。如果有高可用性要求，建议资源服务器采用 2 台冗余运行。存储服务器用户可以根据自己的资源拥有量与增长量进行选型，由于采用的是分布式文件系统，所以用户可以水平扩展存储空间大小。资源库功能列表如表 7-1 所示。

**表 7-1　资源库功能列表**

| 序号 | 功能名 | 说明 | 备注 |
| --- | --- | --- | --- |
| 1 | 应用库浏览 | 用户可以上传下载某一应用，下载后可在本地进行安装 | 普通用户 |
| 2 | 视频库浏览 | 用户可以上传下载某一视频，或者在线观看视频 | 普通用户 |
| 3 | 音频库浏览 | 用户可以上传下载某一音频，或者在线建立自己播放列表，进行在线播放收听 | 普通用户 |
| 4 | 组织机构管理 | 管理组织机构 | 管理员 |
| 5 | 用户管理 | 管理用户 | 管理员 |
| 6 | 资源分类 | 编辑修改分类 | 管理员 |
| 7 | 资源库授权 | 对定义好的资源分类进行授权 | 管理员 |
| 8 | 用户修改密码 | 用户密码修改 | 普通用户 |
| 9 | 资源导入 | 在服务器端提供导入大量文件操作，提供导入路径和资源目录，将资源目录下所有文件全部上传到资源库中 | 管理员 |

## 7.4　即时通信

即时通信（Instant Messaging，IM）本质是一种终端服务，这个服务提供两人或者多人互相之间，随时随地通过网络实时传递文字信息、图片、语音和视频，以便进行交流。

企业级即时通信软件是面向企业级用户提供本地化专业即时通信服务的系统软件。企业版与个人版即时通信产品存在很大差异。企业版即时通信系统主要根据企业用户的需求，以提升产品的稳定性、高效性和安全性作为功能设计的重点。

目前企业用户市场的主要需求是将完整的一套即时通信服务端和管理

程序全部部署到企业内网的服务器上，保障信息传输边界可管、可控，专门供内部人员之间的沟通和交流。

用户对企业级即时通信应用的另一项需求是，与企业日常业务流程充分结合，或者与办公软件相结合，成为企业管理系统的一部分。因此，即时通信产品必须符合企业自身的业务特点，专业化是企业级即时通信产品设计和开发的核心。

为保持员工间能够高效地进行沟通和信息共享，企业即时通信产品的设计必须超越一般软件产品的设计思路，而是构建一个能够涵盖各种通信手段的交流平台，真正达到节约企业成本，同时提高工作效率的目标。因此集成化是企业级即时通信产品发展的一个趋势。

企业即时通信产品的安全性也是非常关键且重要的，它是企业用户选择产品的重要考量依据，直接关系到企业级即时通信产品未来的市场发展前景。

## 7.4.1 软件架构

### 7.4.1.1 即时通信系统模块

即时通信系统模块分解为通信协议（Protocol）模块、服务接口（SDK）模块、基础框架（Framework）模块和服务器（Server）模块，如表 7-2 所示。

**表 7-2 即时通信系统功能模块**

| 子系统 | 模块 |
|---|---|
| 即时通信系统 | 通信协议（Protocol）模块 |
| | 服务接口（SDK）模块 |
| | 基础框架（Framework）模块 |
| | 服务器（Server）模块 |

（1）通信协议模块。该模块实现协议消息（包括以 SIP 协议为核心的一系列协议族）的编码/解码，以及相关的协议逻辑。此外，通信协议模块还实现各种消息体（如即时消息、在线状态文档）的编码和解码功能。

（2）服务接口模块。该模块实现访问各种服务的 API 接口。

（3）基础框架模块。该模块为各种服务插件提供运行时环境，实现了可适配的I/O、并发、事件、协议等架构策略。

（4）服务器模块。该模块实现IM系统的服务器端逻辑，包括配置服务器、定位服务器、SIP服务器、中继服务器和IM Gateway等。

#### 7.4.1.2　IM系统模块

IM系统模块分解要实现的关键设计目标是可重用性、模块化和可扩展性。

模块化和可扩展性是通过基础框架+插件实现的。在IM系统中，基础框架为插件提供运行时环境，实现了可适配的I/O、并发、事件、协议等架构策略。

插件的本质在于在不修改程序主体（基础框架）的情况下对软件功能进行扩展与加强，当插件的接口公开后，任何公司或个人都可以制作自己的插件来解决一些操作上的不便或增加新的功能，也就是实现真正意义上的“即插即用”软件开发。基础框架+插件软件结构是将一个待开发的目标软件分为两部分，一部分为程序的主体或主框架，可定义为基础框架，另一部分为功能扩展或补充模块，可定义为插件。

为了实现基础框架+插件结构的软件设计，需要定义两个标准接口，一个为由基础框架所实现的框架扩展接口，一个为插件所实现的插件接口。这里需要说明的是：框架扩展接口完全由基础框架实现，插件只是调用和使用，插件接口完全由插件实现，基础框架也只是调用和使用。框架扩展接口实现插件向平台方向的单向通信，插件通过基础框架扩展接口可获取基础框架的各种资源和数据，包括各种系统句柄、程序内部数据以及内存分配等。插件接口为基础框架向插件方向的单向通信，基础框架通过插件接口调用插件所实现的功能。

IM系统模块分解要实现的另一个目标是互操作性，即实现：①IM系统与第三方桌面应用、第三方Web应用的集成。②IM系统与第三方IM系统互操作。IM系统通过服务接口模块实现第三方桌面应用、第三方Web应用的集成。IM系统通过遵循开放标准SIP/SIMPLE实现与第三方（也实现SIP/SIMPLE标准的）IM系统互操作。

### 7.4.2　通信协议

通信协议模块实现了SIP协议、HTTP协议、XCAP协议以及其他相关扩展协议。为了实现系统的高并发、高性能设计目标，其中 SIP 核心协议最重要的设计目标就是高性能。

SIP 协议栈高性能设计机制包括以下几方面。

（1）提高 SIP 消息的编/解码效率。

1）快速字符串操作（Fast String Operation）。由于 SIP 协议存在大量的 String 复制、比较、连接操作，通过实现一个定制的 Fast String 类，可以有效地提高 SIP 服务器的性能。

2）延迟解析（Lazy Parsing）。①提高 SIP 消息解码性能最基本的优化方法是只分析消息头部分中必要的头字段，这种方法称为 Lazy Parsing。②通常情况下 SIP 服务器并不需要了解 SIP 消息体部分的内容，所以，当分析到消息头部分和消息体部分之间的空行时，Parser 模块就完成了对 SIP 消息的初步分析。③由于 SIP Stack 并不能预先知道哪些头字段将被 SIP 服务器所使用，所以 Parser 模块在初步分析中仅分析了每一个头字段的头字段名称，而将头字段体的详细分析推迟到需要时再进行分析。当其他模块需要了解头字段体的详细信息时，Parser 模块如果发现相应的头字段体还没有进行分析，则进行进一步的详细分析。④对于一些在任何情况下都会被使用的头字段，Parser 模块在初步分析中就会进行详细的分析。这种头字段包括 Via 和 To。

3）增量式分析（Incremental Parsing）。这是一种逐步分析头字段的技术。如图 7-31 所示，可能大部分的模块需要获取 From 头字段的 URI 值，但并不关心其中的 username 和 password。这种情况下，Parser 模块将逐步分析 From 头字段，在初步分析中，仅仅分析出 From 头字段名称。随后，当其他模块需要获取 URI 值时，进一步分析出 name，URI 和 tag 值。最后，其他模块需要进一步获取 username 和 password 值时，再进一步分析得出 username、password、hostname 和 port。

（2）协议优化。

SIP 服务器（提供在线状态订阅、通知和发布功能）通过以下 SIP 协议优化来提升性能。

1）批量订阅在线状态。根据 SIP 订阅和通知协议 RFC3265，如果一个用户需要获得该用户联系人列表中所有人的在线状态，则需要为每一个联系人分别向服务器发送一个订阅消息。因此，对于一个包括 $N$ 个用户的

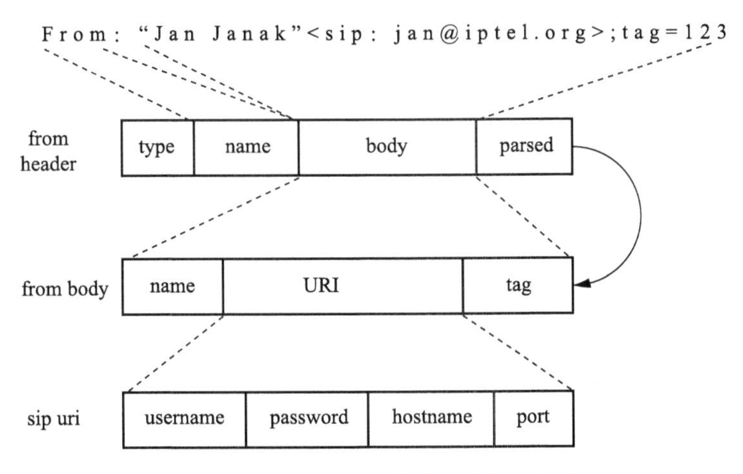


**图 7-31　SIP 消息头增量式分析示意图**

域，每个用户的联系人包括域中的所有其他用户，理论上每个订阅周期需要发送 $N\times(N-1)$ 条订阅消息。为了有效减少订阅消息的数量，客户端和 SIP 服务器应该支持批量订阅在线状态。允许在一个单一的订阅请求消息中包含一个联系人列表，一次订阅该列表中的所有联系人，从而将订阅消息数从 $N\times(N-1)$ 显著地减少到 $N$。

2）订阅响应优化。SIP 服务器在订阅消息的响应消息中直接携带响应的初始通知文档（在线状态），从而避免随后服务器需要发送的通知消息和相应的 200 OK 响应消息。

3）BENNOTIFY（Best Effort NOTIFY）。引入新的 SIP 消息 BENNOTIFY。与 NOTIFY 消息相比较，RFC3265 要求客户端回复 200 OK 响应，但 BENNOTIFY 则不要求客户端响应。这个特征可以显著降低网络通信，从而提升 SIP 服务器的性能。

4）将 REGISTER 消息，SUBSCRIBE 消息和 PUBLICH 消息的 Expire 时间设置为 12 小时。

5）SIP 服务器实现对非正常退出客户端的实时检测功能。

6）Record-Route Header Field 优化。Record-Route 是 RFC2543 引入的一个 Header Field，但 RFC2543 中描述的算法效率很低。可以通过实现 RFC3261 的对应算法，但不支持对 RFC2543 的向下兼容来提高性能。

（3）内存分配与释放优化。

采用定制的内存分配器，可以优化内存分配的释放的时间。

（4）传输协议 TCP，UDP，TLS 优化。

1）在 Windows 平台下，通过异步完成 I/O 实现支持并发 TCP 连接 10,000 以上的高容量方案。

2）在 Linux 平台下，通过 epoll 实现支持并发 TCP 连接 10000 以上的高容量方案。

3）在 FreeBSD 平台下，通过 kqueue 实现支持并发 TCP 连接 10000 以上的高容量方案。

4）应用 Reactor 设计模式实现对高容量并发 TCP 连接的支持。

### 7.4.3 基础框架

基础框架模块包括：ASF 模块、GWF 模块、SMF 模块、DUM 模块等，各模块功能如表 7-3 所示。

表 7-3 基础框架模块功能

| 名称 | 功能 |
| --- | --- |
| ASF 模块 | ASF（Adaptive Server Framework）可被定义为框架的框架（Framework of Frameworks）。整个 ASF 框架一般包括如下组件：并发框架（Concurrency Frameworks）、事件框架（Event Frameworks）、I/O 事件（I/O Events）、定时事件（Timing Events）和协议框架（Protocol Frameworks）。各个框架都被构造为一组使用 ACE 中的组件实现的协作对象 |
| GWF 模块 | GWF（Generic Web Framework）模块基于 ASF 框架实现一个高效、可扩展的 HTTP 引擎。GWF 模块包括同步请求处理和异步请求处理子模块。分别用于实现静态资源访问，REST 风格的 Web Service 服务，Ajax 和 Comet 应用 |
| SMF 模块 | SMF（服务管理框架）模块基于 SNMP++、AGENT++和 AgentX++实现 SNMP 协议和 AgentX 协议的代理框架。SMF 模块应用 Master-Sub Agent 模式实现可扩展的 SNMP 代理 |
| DUM 模块 | DUM 框架是一个基于 SIP 协议栈的 SIP 事务用户层框架。支持以插件的方式扩展不同的 SIP 服务插件，如注册服务插件、在线状态服务插件和即时消息服务插件 |
| HAF 模块 | HAF 模块基于 Watch-Dog 和 Heartbeart 技术实现故障检测（Fault Detection）、错误避免（Fault Avoidance）和错误隔离（Fault Isolation）等高可用性机制 |
| NATF 模块 | NATF 框架是一个基于 ICE（Interactive Connectivity Establishment）协议实现的 NAT/FW 穿越框架。NAT/FW 穿越框架的设计目标是实现对任意类型的 NAT/FW 穿越，同时框架具有很好的可扩展性和可重用性此外，组成 NAT/FW 穿越框架的各模块是可替换的，开发人员可以根据需要任意替换其中的信令协议栈实现和数据传输协议栈实现 |

#### 7.4.3.1 框架概述

框架（Framework）是整个或部分系统的可重用设计，表现为一组抽象构件及构件实例间交互的方法。也可以这样说，一个框架是一个可复用的设计构件，它规定了应用的体系结构，阐明了整个设计、协作构件之间的依赖关系、责任分配和控制流程，表现为一组抽象类以及其实例之间协作的方法，它为构件复用提供了上下文（Context）关系。

SMF框架、HAF框架、ASF框架、MRF框架、NATF框架在不同层次上为IM系统添加插件提供支持。

#### 7.4.3.2 ASF框架基本原理

通信软件的开发实际面临很多问题和挑战，比如通信软件本身在错误检测和恢复方面所固有的复杂性，随机性带来的复杂性，还有关键组件的持续开发和设计等带来的复杂性。因此如果想成功应对这些挑战，必须对面向对象的编程构架有深入而全面的了解。

对通信服务器的功能和性能具有显著影响的是并发策略。对现有的Web服务器（包括Roxen、Apache、PHTTPD、Zeus、Netscape和Java Web服务器等）的研究表明，大部分与I/O无关的Web服务器，其资源消耗主要来自Web服务器的并发策略，包括同步、创建线程或进程、切换上下文等方面。由此可见，设计高效的并发策略对于获得服务器高性能来说是至关紧要的。

经验表明，没有哪种服务器策略能够为所有情况提供最佳性能。因此，Web服务器构架至少应该提供静态和动态两种适配性。静态适配性是指Web服务器构架应该允许开发者选择能够最大满足系统静态需求的并发策略。例如，多处理器服务器可能比单处理器服务器更适合多线程并发。动态适配性是指Web服务器构架应该设计并发策略，使其能够动态地适配当前的服务器环境，特别是服务器负载发生动态变化的情况下还能取得最佳性能。例如，可以增加线程池中可用的线程数目，以便提供给临时增加的负载使用。

对通信服务器开发者来说，另一项非常重要的任务是设计高效的数据获取和递送策略，被统称为I/O。通常解决高效的I/O问题是非常有挑战性的。系统开发者通常必须设计多个I/O操作，来充分利用硬件和软件平台上可用的I/O并发性，一是高性能Web服务器可以并发解析来自其他客户端的I/O请求，二是应该能够支持在网络上并发传输多个文件。

特定类型的I/O操作与其他类型的I/O操作需求不同。有些业务需要同步运行，如涉及货币基金转账的Web事务，用户在事务结束后才能继续其他操作。相反，访问静态信息的Web服务可以异步地运行，比如搜索引擎查询，因为它们可以在任何时候被取消。这些不同的需求需要执行不同的I/O策略。

有多种因素影响I/O策略的选择和设计，通信服务器在设计时可使用各种不同的I/O策略，比如同步式、反应式或异步式。同样，也没有一种I/O策略适用于所有情况，也不是所有平台都能够最佳地使用所有I/O策略。

基于上述内容，设计一个可适配（Adaptive）的通信框架，用于减轻开发人员在选择不同并发策略、I/O策略方面的工作就成为非常有价值的工作。

ASF是一种支持多种通信服务器策略配置的面向对象的框架结构。ASF框架可以系统地进行策略定制，独立地或协作地进行评估，以决定最佳的策略方案。使用这些策略方案，ASF可以采取静态模式或者是动态模式来改变自己的操作行为，从而为特定的硬件/软件平台和工作负载选用最为有效的策略。ASF框架具有自适配软件的特性，因此成为用于构造高性能通信服务器的强大应用框架。

#### 7.4.3.3 GWF框架基本原理

GWF框架基于ASF框架实现一个高效、可扩展的通用WEB服务框架。GWF框架的设计目标面向以下应用：①基于HTTP协议的静态资源访问；②基于REST风格的Web Service；③基于Ajax（poll）技术的Web应用；④基于Comet技术的Web应用。

GWF框架包含同步请求处理和异步请求处理功能。基于同步请求处理，IM服务器可以实现静态资源访问（如上传/下载文件），REST风格的

Web 服务（如 IM 系统管理），以及实现 Ajax 应用；基于异步请求处理，IM 服务器可以实现具有实时响应能力的在线应用（如 Web IM）。

GWF 框架应用 Adapter 模式实现对 GWF 框架的扩展。不同的通信应用通过 GWF 框架提供的服务注册接口绑定服务的虚拟路径（如：/im/send）与对应的服务处理器。不同的服务处理器根据其应用特点，可以采用不同的模式（同步请求处理和异步请求处理）进行处理。

（1）同步请求处理和异步请求处理。

Web 请求一般来说都是同步的。浏览器发出 HTTP 的请求。Web 服务器接收到完整的 HTTP 请求之后，对请求进行解析，随后服务器端模块被调用，运行的结果被返回到客户端（浏览器）。而浏览器则一直等待 Web 服务器的响应，并将返回结果显示给用户。

但是在一些情况下，这种同步的处理过程不能很好地满足要求。例如，被执行的业务逻辑需要调用外部的一个服务，而这个服务响应得很慢；或者客户的请求介入到一个工作流程当中，被外部的因素所中断（需要上级批准等）。在这些情况下，虽然使用同步机制也能实现，但是轮询或阻塞的方法对系统资源的消耗比较大，系统结构也因此变得复杂。

在上述情况下，使用异步的请求处理（Asynchronous Request Processing，ARP）可以更好地解决问题。在异步请求处理的模式下，浏览器只需要发出 HTTP 请求。但是这些请求在服务器端并不是马上就去执行，而是当满足一些条件或有特定的事件触发才去执行，这样就大大节省了服务器的资源消耗，并且能够将最新的信息快速地传递给客户端。

浏览器在发送异步请求之后需要将当前的 HTTP 连接保持住，当服务器端执行完异步任务之后还需要通过这个连接将结果返回给浏览器。

（2）REST 风格的 Web Service。

REST 不是一种协议，而是一种体系结构风格。在罗伊·菲尔丁（Roy Fielding）的论文中，他将 REST 作为目前 Web 体系结构的一种基础概念进行了详细介绍。他为 REST 提出了下列标准：①为现代 Web 体系结构进行建模的一组约束；②REST 原则已应用于 HTTP 和 URI 规范；③在 HTTP 的发展过程中是可见的。

对于 Web Service，万维网联盟（W3C）对 Web Service 务的正式定义

如下："Web Service 是由 URI 标识的一个软件系统，并且使用 XML 对它的公共接口和绑定进行定义和描述。其他软件系统可以发现它的定义。然后，这些系统就可以按照 Web Service 预先确定的方式与它进行交互，并使用通过 Internet 协议传输的基于 XML 的消息。"

常识告诉我们，Web Servicek 主要用于计算机与计算机之间的通信，而不是计算机与用户之间的通信。基于 REST 的 Web Service 是使用 REST 风格创建的 Web Service。

在创建 REST 风格的 Web Service 时，需要遵循以下关键原则：①为所有"事物"定义 ID；②将所有事物链接在一起；③使用标准方法；④资源多重表述；⑤无状态通信。

GWF 框构建的同步请求处理状态机（图 7-32），实现 REST 风格的 Web Service。

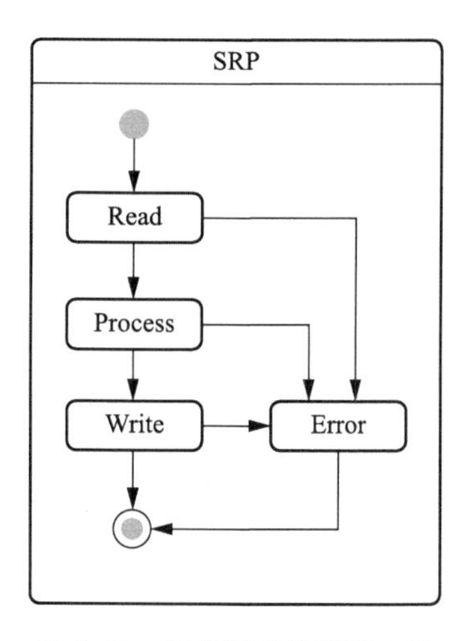


**图 7-32　同步请求处理状态机**

同步请求处理状态机还用于实现静态资源访问和 Ajax 应用。

（3）Ajax 应用。

Adaptive Path 公司的杰西・詹姆斯・加勒特（Jesse James Garrett）这样定义 Ajax：Ajax 是由几种蓬勃发展的技术以新的强大方式组合而成，包含：①基于 XHTML 和 CSS 标准的表示；②使用 Document Object Model 进行动态显示和交互；③使用 XMLHttpRequest 与服务器进行异步通信；④使用 JavaScript 绑定一切。

Ajax 技术是 Web 2.0 的重要组成部分之一，也是当下非常流行的用于开发 Web 应用的一项技术。XMLHttpRequest 是 Ajax 技术的核心对象，用于支持异步请求。所谓异步请求是指当客户端发送一个请求到服务器的时候，客户端不必一直等待服务器的响应，因此不会造成整个页面的刷新，会带来更好的用户体验。而当服务器端返回响应时，客户端利用 JavaScript 和 CSS 来相应地更新页面上的部分元素的值，而不是刷新整个页面，其实这种异步事件发生的概述很小。那么怎样保证一旦服务器端给予响应之后客户端马上就接收到呢，一般有两种解决方法：一是让浏览器每隔几秒就轮询请求服务器来获得反馈，这个过程被称为 poll，如图 7-33 所示；二是让服务器与浏览器之间维持长时间的连接来传递数据，这种长连接技术被称为 Comet（慧星）。

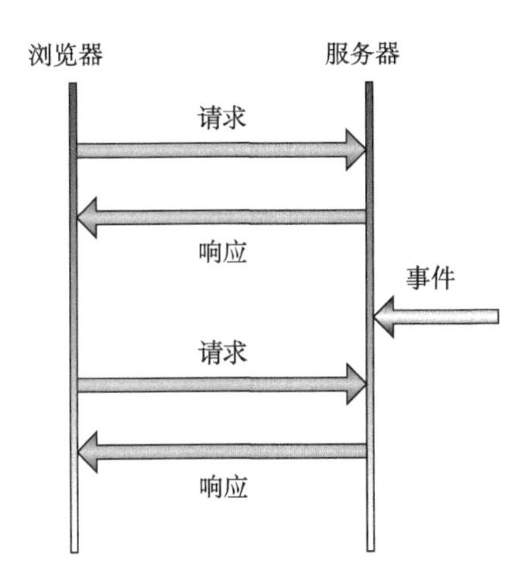


**图 7-33　基于 poll 方式的 Ajax 技术原理**

（4）Comet 应用。

Comet 是最近 Web 技术中最热门的一个流行术语，它的更正式的名称叫“服务器推送技术”（Server Pushing）。

轮询方式的主要缺点是会浪费大量的传输时间，因为可能大部分向服务器的请求是无效的，如果有大量的客户端在进行轮询，那么会造成非常严重的网络传输浪费。

Comet 技术的特征是服务器和客户端必须保持一个长连接。Comet 应用可以在任何时候向用户（client）发送数据，而不是仅仅在用户输入的响应中发送数据。这些数据从一个单独的、预先打开的连接中被传输。这种方法极大地降低了数据传输的延迟。

Ajax 提高了单个用户的响应。Comet 提高了协作的、多用户的应用的响应，并且避免了轮询所带来的性能问题。

（5）基于 Ajax 的长轮询（long-polling）方式。

利用 Ajax 技术，JavaScript 就可以调用 XMLHttpRequest 对象发出 HTTP 请求，JavaScript 的响应处理函数会根据服务器返回的信息对 HTML 页面的显示进行更新。使用 Ajax 实现“服务器推送”与传统的 Ajax 应用不同之处在于：①服务器端会阻塞请求，直到有数据传递或超时发生时才返回正常接收状态；②客户端的 JavaScript 响应处理函数会在处理完服务器反馈的信息后，再次发出请求，重新建立连接；③当客户端处理接收的数据重新建立连接时，服务器端可能会有新的数据到达；这些信息会被服务器端保存至客户端重新建立连接，客户端会一次把当前服务器端所有的信息取回。

一些应用实例，比如“Meebo”和“Pushlet Chat”都采用了这种长轮询的方式（图 7-34）。相对于“轮询”（poll），这种长轮询方式也可以称为“拉”（pull）。这种基于 Ajax 的方案具有以下一些优点：异步发出请求，无须安装插件，常见浏览器如 IE、Mozilla 和 Firefox 都支持 Ajax 技术。

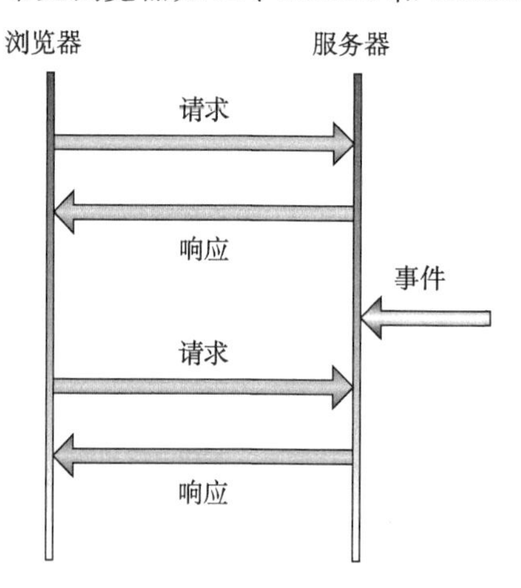


**图 7-34　基于 long-polling 方式的 Comet 技术原理**

在上述长轮询模式下，当 readystate 为 4 时，数据传输结束，将会关闭连接，这时客户端调用回调函数，进行信息处理。

GWF 框架基于 long-polling 状态机（图 7-35）实现长轮询（long-polling）方式的 Comet 框架。

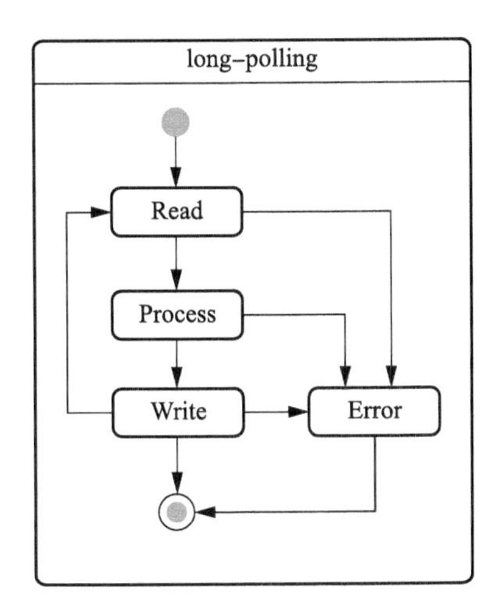


**图 7-35　long-polling 状态机**

（6）基于 Iframe 的流（streaming）方式。

Iframe 是一种 HTML 标记。如果在 HTML 页面里嵌入一个隐藏帧，并且将这个隐藏帧的 src 属性设为对一个长连接请求，那么服务器端就能源源不断地向客户端输入数据。

Ajax 方案是在 JavaScript 里处理 XMLHttpRequest 从服务器取回的数据，然后 Javascript 可以很方便地去控制 HTML 页面的显示。iframe 方案的客户端也采取同样的设计思路。流（streaming）方式与 long-polling 方式的区别在于，服务器基于 HTTP 1.1 协议，每次向客户端返回部分响应，如图 7-36 所示。客户端收到服务器发送的部分响应后，不需要再次发送 HTTP 请求即可接着等待下次服务器发送的数据。

每次传送数据时并不会关闭连接，只会在连接重建时或是通信出现错误时关闭连接。防火墙通常被设置为丢弃过长的连接，服务器端可以设置一个超时时限，超过这个时限后系统通知客户端重新建立连接，并关闭原来的连接。

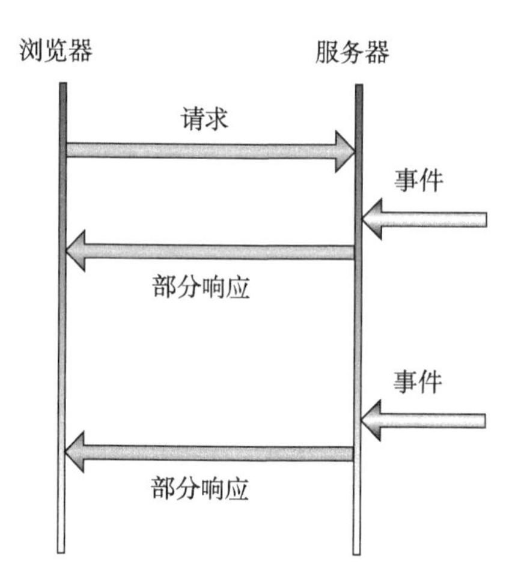


图 7-36　基于 streaming 方式的 Comet 技术原理

GWF 框架基于 streaming 状态机（图 7-37）实现流（streaming）方式的 Comet 框架。

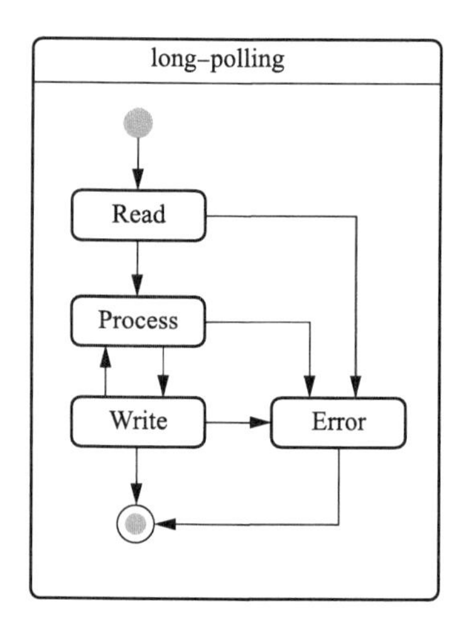


图 7-37　streaming 状态机

Mozilla Firefox 支持 Streaming AJAX 机制，当 readystate 值为 3 时，意味着数据仍在传输过程中，客户端可以读取数据，无须关闭连接，这样就能读取并处理服务器端返回的信息。目前 IE 不支持基于 Streaming AJAX 协商机制，因此当 readystate 值为 3 时，IE 不能读取服务器返回的数据。

使用 iframe 请求一个长连接有一个很明显的缺陷，不管是 IE 还是

Morzilla Firefox，浏览器界面下端的进度栏都会显示加载没有完成状态，而且 IE 上方的图标还会不停地转动，表示加载正在进行。而 Google 浏览器使用“htmlfile”的 ActiveX 控件解决了这个进度加载显示问题，并将这种方法用到了 Gmail+Gtalk 产品中。

#### 7.4.3.4　SMF 框架基本原理

（1）SMF 框架结构与接口。

SMF 框架基于 SNMP++、Agent++和 AgentX++实现。

SNMP++技术最早是由 HP 公司开发的，这是一套专门为网络管理应用程序开发者提供的具有 SNMP 服务协议的 C++类集合。它提供基于面向对象模型建立的 SNMP 应用程序接口，通过在最小范围内使用已有的 SNMP 库，保证了程序的高可移植性。对于使用 TCP/IP 协议的互联网应用，SNMP++封装了底层的 Socket 操作，这样能够给开发者提供简单的 API。

Agent++技术是对 SNMP++基本概念的扩展，Agent++技术是为支持 SNMP 代理协议而开发的一套 C++类的集合。它对协议引擎和调度表提供完整的支持，并继承了 SNMP++协议的优点，封装了绝大部分的 SNMP 的标准操作。此外充分利用面向对象的特性，使开发者能够通过派生的子类，重载其中的虚函数，或者根据应用程序的需要灵活控制程序。Agent++技术还对委托代理和发送通知消息的 C++类提供了支持。

AgentX++又在 Agent++技术的基础上进行扩展，形成 C++类的 API，提供了对 AgentX（Agent Extensibility）协议的支持。创建支持 AgentX 协议的 SNMP Agent 需要结合使用 SNMP++和 Agent++API。它支持 Master 和 SubAgent 的代理开发模式，允许独立开发 SubAgent，以及本地或网络上的 Master 进行注册。

（2）AgentX 基本原理。

早期 IETF 组织为了提高 Agent 的可扩展性，提出了 SMUX（SNMP 多重协议），后来发现这一技术存在缺陷。因此，1998 年 IETF 又提出了 AgentX 协议标准。AgentX 体系结构包含一个主代理和多个子代理进程，而多个子代理进程可以运行在同一个设备或者相互连接的不同设备中，而进程之间的通信主要通过标准接口来进行。

AgentX 体系的主代理主要负责发送和接受 SNMP 协议的信息，但几乎或根本不访问管理信息。而 AgentX 体系的子代理正好相反，不能访问主代理所处理的 SNMP 信息，但是可以访问管理信息。主代理和子代理之间通过在 RFC2257 中所定义的 AgentX 协议通信。对于担任管理者任务的 SNMP 实体来说，AgentX 的内部操作是不可见的，但对于管理者来说，非可扩展的 SNMP 代理在访问管理信息时与可扩展的 SNMP 代理是一样的。

AgentX 协议本身并不对访问权限进行控制，任何与主代理相连的代理都可以注册到任一 MIB 区域，从而恶意访问者就可以提供假的管理信息给 SNMP 管理者。AgentX 体系支持由下层的通信协议来提供访问控制，如 UNIX 域插口就是从低层提供了访问控制机制。

（3）AgentX 的设计特点。

由上面的分析可见，AgentX 的主要设计特点包括以下几个方面：①采用主代理和子代理分离的架构，主代理只关注 AgentX 操作和与 SNMP 之间操作的转换，而子代理只关注管理操作信息，两者互不干扰。②提出标准的协议来规范可扩展代理与管理指令间的操作。③子代理可以被集成到可扩展代理而同时并不知道其他已存在的子代理。④提供了简单而有效的注册和分发机制。在一个可扩展代理中，一个子代理只负责特定范围内的 MIB 信息。⑤为了提高效率，主代理和所有的子代理都位于同一个主机上，使得 AgentX 协议在形式上更像是过程间通信。

AgentX 协议形成了这样一种框架结构，即在不明显增加 SNMP 代理的复杂性的前提下，基于 SNMP 协议提供管理信息。AgentX 协议对管理者透明，所以现有的管理工具可以通过使用基于 Agent 的可扩展 SNMP 代理来收集管理信息。子代理运行在不同的进程，这种 AgentX 的协议结构使得代理机制的设计非常简单，同时也增加了使用 SNMP 协议的网络设备系统的健壮性。值得注意的是，AgentX 协议不是用于网络范围，而主要是作为主代理和子代理的进程间通信协议。

（4）HAF 框架基本原理。

高可用性是 IM 系统最重要的设计目标。IM 系统的可靠性策略包括故障检测（Fault Detection）和错误隔离（Fault Isolation）等。Watch Dog 模块和 Heartbeat 模块用于实现故障检测，Watch Dog 模块还用于实现错误预防，在发生故障时自动重启被监控程序。

这些可靠性机制与特定服务的业务逻辑之间存在正交关系，从而可以分离可靠性机制与其他业务逻辑，分别设计和实现。

Watch Dog 具有监控其他程序是否正常运行的功能，当发生故障时自动重启被监控程序。Watch Dog 程序与被监控程序运行在同一台主机上。

Heartbeat 类似于 Watch Dog，Heartbeat 也用于监控其他程序是否正常运行。但 Heartbeat 监控程序和被监控程序往往运行在不同的主机上，不能实现自动重启被监控程序的功能。

Heartbeat 提供了实时检测错误的机制，即在集群节点间保持着间歇的心跳通信信号。对于每一条通信路径，在两个对等系统之间保持周期性的通信握手。如果没有收到连续心跳信号积累到一定的数量，通过心跳检测就把这条通信路径标识为失效路径，从而关闭该路径。

心跳检测方案假定，当通过心跳信号检测其他服务器失败时，则认为此服务器是关闭的。

心跳检测方案可用于实现定位服务器、配置服务器、中继服务器和 SIP 服务器的高可用性。

#### 7.4.3.5 NATF 框架基本原理

(1) ICE 协议。

由 IETF 的 MMUSIC 工作组开发出来的互动式连接建立（Interactive Connectivity Establishment，ICE）协议，提供了一种可以使各种 NAT 穿透技术实现统一的技术框架。该技术的主要作用是可以让 VoIP 客户端，成功地穿透在远程用户与网络之间可能存在的各类防火墙。

ICE 协议定义了标准化的方法，使得基于多媒体会话协议的客户端，或者是 SIP 客户端，能够确定客户端之间存在的是哪一种类型的 NAT 防火墙，并且确定可以用于穿越这种防火墙从而实现连接的一连串 IP 地址。通过使用如 STUN、TURN 和特定域 IP（Realm Specific IP，RSIP）等多种协议及网络连接机制，ICE 协议可以自动学习客户端所在网络的拓扑结构，并得到可以让这些设备进行通信的各类网络地址。

由于 ICE 协议技术是基于多种 NAT 穿透协议之上，建立起一个统一的标准框架，所以 ICE 同时具备了所有这些穿透技术的能力，同时还避免了由于任何单个协议导致的问题和可能存在的缺陷。因此，ICE 协议可以帮助未知网络拓扑结构中的设备顺利实现自动互连，而不需要手工配置方式。另外，由于该技术不需要为 VoIP 流量而配置各种防火墙例外规则，所以也不会产生相关的安全隐患。

（2）STUN 协议栈。

STUN（Simple Traversal of User Datagram Protocol Through Network Address Translators）协议的主要功能是检测通信终端是否位于 NAT 后面。如果确定通信终端位于 NAT 后面，则进一步判断经过 NAT 转换后的地址和端口，同时检测确定 NAT 的类型。实现上述目标的原理过程是，首先在公网上安装一个 STUN 服务器，并在私网内部安装一个 STUN 客户端。STUN 协议定义了服务器和客户端进行通信的特定消息格式，包括 Request 和 Response，客户端向服务器发送 request，服务器给客户端发送反馈信息。服务器在收到客户端的 UDP 通信包以后，服务器再利用 UDP 协议将接收该包的地址和端口信息回传给客户端。客户端获得反馈信息后把这些地址和端口与本机的 IP 地址和端口进行比较，如果不同，就说明客户端在 NAT 后面，否则就位于 NAT 前面。

STUN 协议定义了一些消息属性，以便于检测不同类型的 NAT。这就要求服务器发送响应的时候使用不同的 IP 地址和端口，或者改变端口和地址。

STUN 协议的最大优势是不需要对现有的 NAT 或者防火墙设备做任何改动。目前，网络中已有大量的 NAT 和防火墙，而且这些 NAT 或者防火墙并不支持 VoIP 应用。采用 STUN 协议，不但无须改动 NAT 和防火墙，而且能够很好地适应多个 NAT 串联的网络环境。但是应该看到，STUN 还存在着以下局限性问题：①需要应用程序具备支持 STUN 客户端的功能，特别是下一代网络架构的终端需具备支持 STUN 客户端的功能；②由于 STUN 协议不支持 H. 323 协议，因此不支持穿越 TCP 连接；③STUN 协议目前不支持下一代网络业务穿越防火墙，也不能穿越 Symmetric NAT（对称的 NAT 类型）。在安全性级别较高的内部网中，出口通常采用对称的 NAT 类型。

（3）TURN 协议栈[19]。

TURN（Traversal Using Relay NAT），中继 NAT 实现的穿透协议在语法

和操作上均与 STUN 相似，其优点是提供了对对称性 NAT 的穿越。处在公网的 TURN 服务器为客户端提供本身的一个外部 IP 地址和端口，并且负责中转通信双方的媒体流。基于私网接入用户通过某种机制预先得到其私有地址对应在公网的地址（STUN 得到的地址为出口 NAT 上的地址，TURN 方式得到的地址为 TURN Server 上的地址），然后在报文负载中所描述的地址信息直接填写该公网地址，实际应用原理也是一样。

TURN 应用模型通过分配 TURN Server 的地址和端口作为客户端对外的接收地址和端口，即私网用户发出的报文都要经过 TURN Server 进行 Relay 转发，这种方式应用模型除了具有 STUN 方式的优点外，还解决了 STUN 应用无法穿透 Symmetric NAT 及类似 Firewall 设备的缺陷，无论企业网/驻地网出口为哪种类型的 NAT/FW，都可以实现 NAT 穿透，同时还支持基于 TCP 的应用，如 H. 323 协议。此外，TURN Server 控制分配地址和端口，能分配 RTP/RTCP 地址对（RTCP 端口号为 RTP 端口号加 1）作为本端客户的接收地址，避免 STUN 应用模型下出口 NAT 对 RTP/RTCP 地址端口号的任意分配，使得客户端无法收到对端发过来的 RTCP 报文（对端发 RTCP 报文时，目的端口号默认按 RTP 端口号加 1 发送）。

TURN 协议的优势在于能够支持所有类型的 NAT 穿越，同时也不需要更改当前的 NAT/FW 设备。其局限性在于它需要终端支持 TURN Client，这一点与 STUN 一样。此外，所有报文都必须经过 TURN Server 转发，使得媒体流在传输过程中增加了一跳，不可避免地增加了包的延迟和丢包的可能性，而且完全使用 TURN 方式需要大量的 TURN 服务器，在有大量用户时，TURN 服务器会成为系统瓶颈。根据相关统计数据，目前 Internet 上的 P2P 应用中，需要利用 Relay 服务器中转的概率大概为 8%左右，所以不到万不得已的情况下，应该尽量避免使用这种方法来避免系统瓶颈的产生和性能的恶化。

（4）HTTP 隧道技术。

HTTP 隧道技术是一种通过使用互联网网络的基础设施在网络之间传递数据的方式。使用隧道技术传递的可以是不同协议的数据帧或包。隧道协议将这些数据帧或包重新封装在新的包头中，并且新的包头提供了路由信息，从而使封装的数据帧或包能够通过网络进行传递。

隧道技术主要用于在隧道的两个端点之间，实现包括数据封装、传输和解包在内的全过程。被封装的数据包可以利用公共互联网络进行传输，隧道是数据包在公共互联网络上传递时所经过的逻辑路径。数据包到达网络传输目的地后，将被解包并转发到最终地址。

HTTP 隧道技术保证了即时通信系统在安装了防火墙的网络中，不需要打开除 80 以外的其他端口，就可以正常使用网迅通多媒体网络交换机系统提供的各项服务。

### 7.4.4 服务器

即时通信系统服务器功能模块包括 Profile Server（配置服务器）模块、Sip Serve（SIP 服务器）模块、Relay Server（中继服务器）模块、Location Server（定位服务器）模块、Cache Server（缓存服务器）模块、消息网关模块、Web Dispatcher模块和 Xcap Server（XCAP 服务器）模块，具体功能如表 7-4 所示。

表 7-4 服务器功能模块

| 名称 | 功能 |
| --- | --- |
| Profile Server（配置服务器）模块 | Profile Server 负责从数据库获取各种配置信息，为其他 IM 服务器提供基于内存的数据快速访问及各种配置数据信息的实时更新。<br>根据配置信息的适用范围，配置服务器可以区分为：<br>Domain Profile Server（域配置信息服务器）：负责维护、访问与特定域相关的配置信息，如域基本信息、域中的用户基本信息等。<br>System Profile Server（系统配置信息服务器）：负责维护、访问系统范围内，但非特定于某个域的配置信息，如服务器的配置信息 |
| Sip Server（SIP 服务器）模块 | Sip Server 实现 SIP 协议的服务器端逻辑，包括：<br>Registrat Server（注册服务器）：存储了域中所有用户代理位置的数据库。在通信过程中，注册服务器会检索出通信相关方的 IP 地址等相关信息，并这些信息发给 SIP 代理服务器。<br>Proxy Server（代理服务器）：负责接收 SIP UA 的会话请求，并向 SIP 注册服务器进行查询，获取收件方的 IP 地址信息。然后将会话邀请信息直接转发给收件方 UA 或代理服务器。<br>Redirect Server（重定向服务器）：允许 SIP 代理服务器将 SIP 会话邀请信息重新定向到外部网络域。而 SIP 重定向服务器可以和 SIP 代理服务器及 SIP 注册服务器安装运行在同一物理服务器上。<br>Presence Server（在线状态服务器）：实现在线状态发布、订阅和通知功能 |

续表

| 名称 | 功能 |
| --- | --- |
| Relay Server（中继服务器）模块 | Relay Server 基于自定义的协议 SCMP 实现网络会议功能，包括创建会议、终止会议、添加会议成员、删除会议成员、媒体流转发等。<br>目前，基于 SCMP 协议实现的服务器包括：Text Relay Server 和 File RelayServer。<br>TextRelay Server（文本中继服务器）负责文本消息的多人转发功能。<br>FileRelay Server（文件中继服务器）负责文件传输和多媒体流的 NAT 穿越功能 |
| Location Server（定位服务器）模块 | Location Server 实现以下功能：一是定位信息（如用户账号与登录 SIP Server 之间的映射、域名称与配置服务器之间的映射）的维护功能；二是定位信息的查询功能 |
| Cache Server（缓存服务器）模块 | Cache Server 实现分布式内存缓存服务 |
| IM Gateway 模块 | IM Gateway 负责处理与各个即时通信系统的消息交换与处理，包括 Web IM、MSN、QQ 等。实际上是在其他系统的即时消息与 SIP 消息之间进行转换，然后与其他系统进行互连互通 |
| Web Dispatcher 模块 | Web Dispatcher 实现 IM Gateway 集群功能。Web Dispatcher 根据 IM Gateway 服务器的实际负载将 Web IM 的连接重定向到负载最小的 IM Gateway 服务器 |
| Xcap Server（XCAP 服务器）模块 | Xcap Server 实现好友列表、允许列表和阻止列表的维护功能，并且当上述列表发生更新时，XcapServer 通过 SIP 的事件通知机制通知订阅者 |

#### 7.4.4.1 过载控制基本原理

由于过载控制是一个比较新的课题，所以初步考虑仅对 IM Gateway 实现过载控制，原因是 IM Gateway 在资源占用上的压力最大。

为了确保引入过载控制机制不会引起现有系统的性能和稳定性出现大的影响，对 IM Gateway 过载控制的实施策略也是从简单到复杂，逐步完善和验证。

下面简单介绍对 IM Gateway 实现过载控制的一些策略。

（1）性能指标（用于评估系统是否出现了过载）。①消息队列长度；②90%请求的响应时间/平均响应时间；③CPU 占用；④内存占用；⑤满足性能需求的请求/用户百分比。

上述指标不会一开始时就全部应用，也不是所有指标都对过载现象敏感，需要在压力测试中摸索、发现最经济、合理的性能指标。

（2）出现过载时的任务分散原则。①优先处理已登录用户的请求；②优先处理可以给客户/最终用户/运营商带来直接好处的请求（比如消息传递）。

为了简单起见，初步实施时只应用“优先处理已登录用户的请求”原则。

（3）对不同的用户请求进行分类，并实施不同的过载控制优先级。

通过给不同的请求进行分类，并设置不同的优先级。在系统出现过载时，优先处理高优先级的请求。在下面的设计中，0 代表最高优先级，数值越大，代表优先级越低。

0，Logout workload；

1，Page Message workload；

2，Session Message workload；

2，Group Message workload；

3，Broadcast Message workload；

4，Notification workload；

5，Publish workload；

6，File Transfer workload；

7，Login workload。

下面介绍如何通过 GWF 框架和 IM Gateway 上层代码配合来实现上述过载控制的策略。

目前，GWF 框架已经实现了一个用于 QoS 指标监控的类 Default Qos Monitor，Default Qos Monitor 会定期统计系统运行过程中的性能指标，如最大响应时间、平均响应时间和给定时间段内的吞吐量。GWF 可以基于上述指标及应用层设置的策略来控制是否限制新的客户端连接。此外，GWF 框架在回调应用层的 HTTP Service Handler 时，可以将监控的性能数据传递给上层应用，上层应用就可以基于 GWF 框架监控的性能指标以及请求类型，上层应用基于性能指标进行过载控制。

在利用监控到的性能指标进行过载控制时，主要注意避免因为某些瞬间的性能指标突刺（即某个指标突然超过临界值，但随之恢复正常），而启动过载控制机制。所以在基于监控的性能指标启动过载控制机制之前，需要对性能指标进行平滑化处理。比如对于消息队列长度（queue_ length）指标，其平滑化算法为：curr = α · curr+（1−α）· queue_length。式中，curr为保存的历史指标；α为平滑化因子，取值范围0~1；queue_length为当前监控到的值。

#### 7.4.4.2 定位服务器设计基本原理

（1）定位服务器设计为无状态的，任意两个定位服务器都可以提供等同的服务。

（2）通过Watch Dog为定位服务器提供进程监控和失败重启功能，实现高可靠性。

（3）在没有提供默认（缺省）服务器参数的情况下，定位服务器将返回负载最轻的服务器。

（4）通过DNS或LVS为定位服务提供可伸缩机制。

#### 7.4.4.3 配置服务器设计基本原理

（1）在内存中缓存配置信息。

（2）同一个实体（用户、域或服务器）的配置信息只缓存于一台配置服务器。

（3）配置服务器支持配置信息更新的订阅与通知功能。

#### 7.4.4.4 SIP服务器设计基本原理

（1）可靠性。①系统应该提供7×24小时不间断服务的高可靠性；②不同服务（在线状态、IM、VoIP、视频等）之间存在优先级，高优先级的服务具有更高的可靠性；③提供可靠、实时的崩溃恢复方案，系统崩溃恢复时间应该尽可能最小化；④任意客户端、服务器的崩溃、堵塞不应该引起SIP服务器崩溃和堵塞。

（2）安全性。提供身份认证和权限控制等安全机制。

（3）高性能。①每台SIP服务器支持10，000以上并发用户；②每台SIP服务器平均每秒处理各种消息数量总计512条以上；③每台SIP服务器平均每秒处理各种SIP事务数量总计180以上。

（4）可管理性。①支持对通信内容（包括系统内和系统之间）的监控功能；②支持对用户权限的管理。

（5）易维护性。①使用统一规范的日志格式，可以使用标准日志分析工具生成统计信息和图例；②提供在线修改系统配置的机制；③提供远程维护和日常管理工具；④提供服务自动监测和意外宕机保护机制；⑤提供系统负载和流量监控。

（6）模块化/可重用性/可扩展性。①系统高度模块化，模块之间定义清晰的接口，支持根据不同的需求灵活安装不同的可替换的模块。②模块接口应该尽可能单一，以获得良好的可重用性。

（7）可移植性。系统应该采用分层的体系构架，实现良好的可移植性。支持主流的操作系统如 Windows、Linux、Unix 等。

（8）低成本。系统应最大限度降低部署、硬件、维护成本。

### 7.4.5 即时通系统部署

即时通信系统部署视图（图 7-38）表示了如何将系统运行组件分配到主机的方式。此外，部署视图还展示了将服务器部署在什么位置，服务器之间通过什么样的网络连接起来的关系。如表 7-5 所示为即时通信系统模块配置明细。

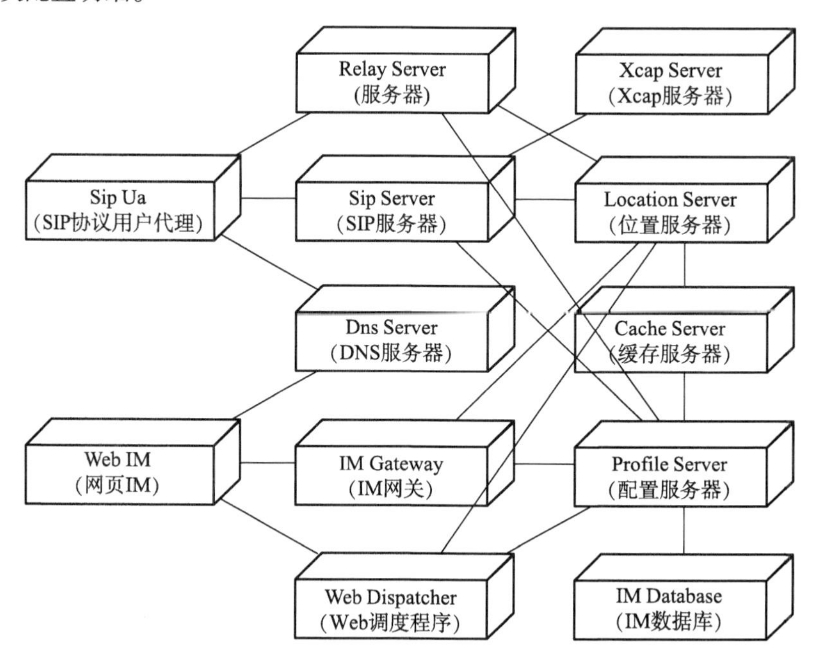


图 7-38　即时通信系统部署

表7-5　即时通信系统模块配置

| 元素名称 | 简单描述 | 硬件配置 | 运行组件 | IP地址 | 部署位置 |
|---|---|---|---|---|---|
| Profile Server（配置服务器） | 负责服务器信息配置服务 | 双CPU：2.0G以上；内存：4G；硬盘：10G | ACEASF；Profile Plugin；WatchDog | DNS查询结合定位服务 | IDC |
| Sip Server（SIP服务器） | 负责用户登录、会话建立功能 | CPU：2.0G以上；内存：4G；硬盘：10G | DUMSIP；Register Plugin；Im Plugin；Pres Plugin；WatchDog | DNS查询结合定位服务 | IDC |
| IM Gateway（IM网关） | 负责实现Web IM和即时通信系统其他服务器的消息转发 | CPU：2.0G以上；内存：2G；硬盘：10G | IMGF；Sip Plugin；Web ImPlugin；WatchDog | DNS查询结合定位服务 | IDC |
| Web Dispatcher（Web调度程序） | 负责实现IM Gateway的负载均衡器功能 | CPU：2.0G以上；内存：2G；硬盘：10G | ACEASF；WatchDog | DNS查询 | IDC |
| Relay Server（中继服务器） | 负责网络会议、文本消息和文件转发功能 | CPU：2.0G以上；内存：2G；硬盘：10G | ACEASF；Controller Plugin；Mixer Plugin；WatchDog | DNS查询结合定位服务 | IDC |
| Location Server（定位服务器） | 负责服务器定位功能 | CPU：2.0G以上；内存：2G；硬盘：10G | ACEASF；WatchDog | DNS查询 | IDC |
| Cache Server（缓存服务器） | 负责缓存定位信息 | CPU：2.0G以上；内存：4G；硬盘：10G | WatchDog | 固定配置 | IDC |
| Xcap Server（Xcap服务器） | 负责维护好友列表、允许列表和阻止列表 | CPU：2.0G以上；内存：4G；硬盘：10G | WatchDog | DNS查询 | IDC |
| IM Database（IM数据库） | 负责IM相关配置信息、用户信息、离线消息的数据库存储 | CPU：2.0G以上；内存：4G；硬盘：80G | MySQL 5.0；Global Database；Group Database | DNS查询结合定位服务 | IDC |

#### 7.4.5.1　可靠性设计

高可靠性是IM系统最重要的设计目标。

发布之前，主要的可靠性策略是错误预防，如图7-39所示。首先，开发队伍将精力集中在错误避免上；接着，进入测试阶段（单元测试和系统集成测试)。开发队伍尽力检测并排除所有可能发生的错误。一旦系统发布之后，主要的可靠性策略转为容错。软件系统必须能够检查出错误并能在线恢复。

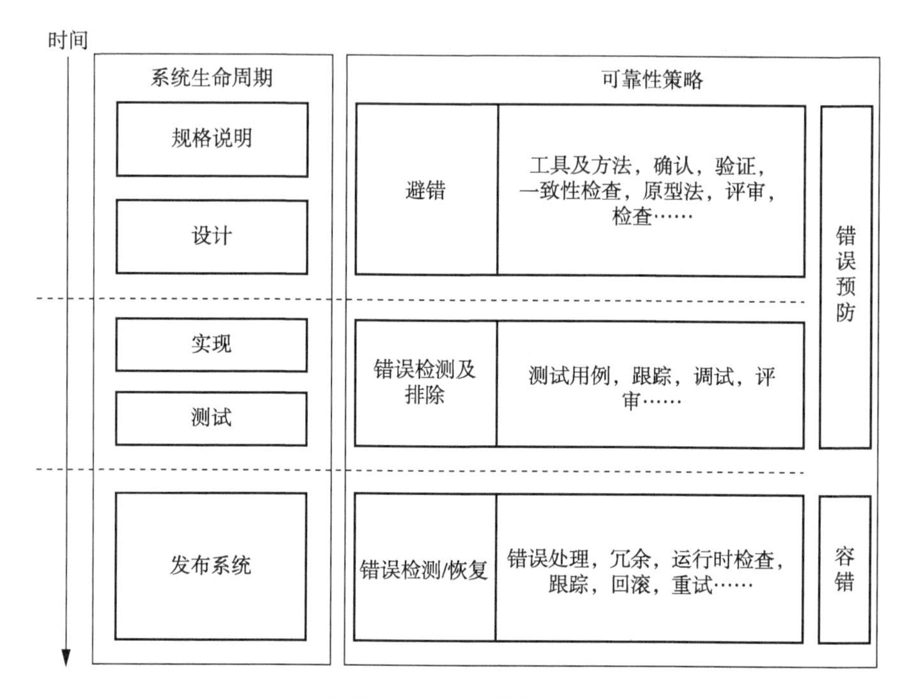


**图 7-39 可靠性设计策略**

错误预防包括避错技术、错误排除技术及错误预测技术。

避错设计技术通过对计算机元器件的严格挑选，提高设计的质量，提高评审的严格程度等，使系统尽量少出错，从而提高计算机的可靠性。避错技术要求组成系统的各个部件、器件具有高可靠性，不允许出错或者出错率降至最低。

错误排除技术是在系统出现错误之后，纠正错误并恢复正确状态的技术。

最后，通过错误预测技术来预测系统技术的可靠性，并利用收集到的信息来提高系统可靠性。

系统发布之后，可靠性策略包括错误检测/回复与容错技术。

错误检测/回复技术包括 Watch Dog 和 Heartbeat。

Watch Dog 模块还用于实现错误预防，在发生故障时自动重启被监控程序。

容错技术允许系统内部有故障存在。通过容错技术消除故障的影响，使系统最终仍能给出正确的结果。这种高可靠性技术建立在“冗余”设计的基础上。实践证明，容错设计对计算机可靠性的提高是十分有效的。

这些可靠性机制与特定服务的业务逻辑之间存在正交关系。从而，我们可以分离可靠性机制与其他业务逻辑，分别设计和实现。

#### 7.4.5.2 可伸缩性设计

实现可伸缩即时通信系统的第一个选项就是升级 IM 服务器的硬件，如使用更快的 CPU，提高内存与硬盘容量，以及增加网络带宽等来提升已有 IM 服务的容量。这种策略称为硬件上扩。通常，硬件上扩方法能够在不改变源代码的情况下增加容量。但是，虽然硬件上扩可以减轻短期压力，但它既没有成本效益，也无法解决长期的问题。

除了硬件上扩之外，还存在很多在软件层面（包括操作系统和 IM 服务器软件）上提升 IM 服务器性能的技术，称之为软件上扩。

在 ASF 框架和 SIP 协议栈中，可采用事件驱动的架构实现软件上扩。事件驱动的架构通常使用单一的线程与非阻塞 I/O 接口或定时器来驱动并发任务的执行。典型的事件驱动系统通常实现为一个单一的线程不断地循环处理事件队列中不同类型的事件。该线程可以阻塞或者查询事件队列，以等待新的事件。

上扩方法的伸缩性有限，性价比不高。更好的办法是使用分布式 IM 服务器系统。所谓的分布式 IM 服务器系统，指的是由多台 IM 服务器主机构成的，分布在局域网或广域网的，通过某种机制将客户端请求分发到各 IM 服务器的一种架构，这种方式称为外扩（Scale Out）。如果使用地理上分布的 IM 服务器系统，则不仅能扩展 IM 服务器的客户请求处理能力，而且还可以节约网络带宽这一宝贵资源。实现外扩的可伸缩方案包括：基于 DNS 的架构、基于转发机制的架构和基于重定向机制的架构。

基于 DNS 的架构使用授权的 DNS 服务器将即时通信 URI 转换为一个对应服务器的 IP 地址。在转换过程中，DNS 服务器可以采用很多不同的策略来选择合适的 IM 服务器。然而，DNS 服务器对客户端请求的负载控制是有限的。在客户端和 DNS 服务器之间，存在很多的中间名字服务器，可能会缓存 URI 与 IP 地址之间的映射以减少网络流量，而且，IM 客户端也可能缓存一些地址解析结果。RFC2782 ［8］、RFC2915 ［9］ 和 RFC3263 ［10］ 定义了基于 DNS SRV 记录和 NAPTR 记录定位 IM 服务器的过程。

基于转发机制的架构，如图 7-40 所示，使用一个称为转发器的网络设备来集中、完全控制客户端请求消息的路由。转发器部署在客户端与 IM 服务器之间，拥有一个单一的虚拟 IP 地址（IP-SVA）。转发器通过一个私有地址（可能处于不同的协议层上）来唯一地识别系统中的每一台 IM 服务器。基于转发器的架构通常使用简单的算法比如轮转法、最小负载算法来选择合适的 IM 服务器。

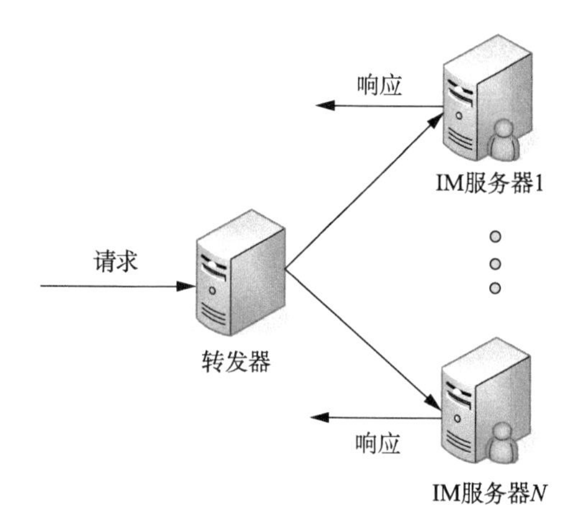


**图 7-40　基于转发机制的可伸缩性架构**

基于重定向机制的架构，如图 7-41 所示，可以将 IM 客户端的请求重新定向到其他更合适的 IM 服务器上。与集中调度解决方案（如基于 DNS 的架构和基于分发器的架构等）不同的是，基于重定向的架构采用分布式调度解决方案，通过客户请求重定向机制使所有的服务器都参与到负载调度中。集成基于 DNS 的架构与请求重定向技术可以解决大部分的 DNS 调度问题，如调度不均衡问题和对 IM 服务器控制有限的问题。

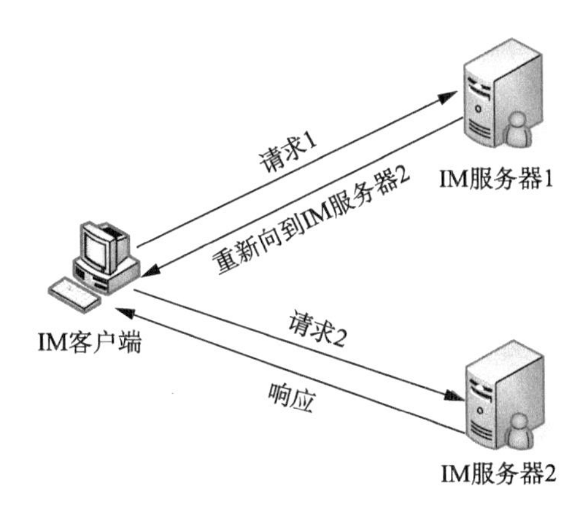


**图 7-41　基于重定向机制的可伸缩性架构**

基于上述机制，本文提出两级可靠、可伸缩 SIP 服务器架构实现 IM 服务。第一级基于 DNS SRV 记录和 NAPTR 记录将客户端请求定向到域的入口 IM 服务器。入口 IM 服务器基于服务器的实际负载情况和用户账号将请求进一步重定向给合适的服务器集群。一般情况下，这样的架构可以实现服务器之间统一的负载均衡。

### 7.4.5.3　高性能设计

即时通信系统通过以下策略实现高性能的 IM 服务器。

（1）并发策略。并发策略设计将会显著影响通信服务器效率和性能。实验研究表明，现有 Web 服务器，如 Roxen、Apache、PHTTPD、Zeus、Netscape 和 Java Web 等服务器，大部分与 I/O 无关的服务器资源开销来自并发策略。这些关键的开销包括同步、线程/进程创建，以及上下文切换。因此，设计并实现高效的并发策略对于 Web 服务器获得高性能是尤为关键的。经验证明，没有哪种 Web 服务器的并发策略能够在所有情况下提供最佳性能。

因此，Web 服务器构架至少应该提供动态和静态两种适配性：①动态适配性。Web 服务器构架应该设计并发策略，使其能够动态地适配当前的服务器环境，特别是服务器负载发生动态变化的情况下还能取得最佳性能。例如，可以增加线程池中可用的线程数目，以便提供给临时增加的负载使用。②静态适配性。Web 服务器构架应该允许开发者选择能够最大满足系统静态需求的并发策略。例如，多处理器服务器可能比单处理器服务器更适合多线程并发。

（2）I/O 策略。对通信服务器开发者来说，另一项非常重要的任务是设计高效的数据获取和递送策略，即统称为 I/O。解决高效的 I/O 问题是非常有挑战性的，系统开发者通常必须设计多个 I/O 操作，来充分利用硬件和软件平台上可用的 I/O 并发性。一是高性能 Web 服务器可以并发解析来自其他客户端的 I/O 请求，二是能够支持在网络上并发传输多个文件。

特定类型的 I/O 操作与其他类型的 I/O 操作需求不同。有些业务需要同步运行，如涉及货币基金转账的 Web 事务，用户在事务结束后才能继续其他操作。相反，访问静态信息的 Web 服务可以异步地运行，比如搜索引擎查询，因为它们可以在任何时候被取消。这些不同的需求需要执行不同的 I/O 策略。

有多种因素影响 I/O 策略的选择和设计，通信服务器在设计时可使用各种不同的 I/O 策略，比如同步式、反应式或异步式。同样，没有一种 I/O 策略适用于所有情况，也不是所有平台都能够最佳地使用所有 I/O 策略。

综上所述，设计一个可适配（Adaptive）的通信框架，以减轻开发人员在选择不同并发策略、I/O 策略方面的工作就成为非常有价值的工作。

#### 7.4.5.4 互操作性设计

互操作性设计是即时通信系统设计的另一个重要内容，即实现：①IM 系统与第三方桌面应用、第三方 Web 应用的集成；②IM 系统与第三方 IM 系统互操作。IM 系统通过服务接口模块实现第三方桌面应用、第三方 Web 应用的集成。

即时通信系统通过以下策略实现互操作性。

（1）通过遵循开放标准 SIP/SIMPLE 实现与第三方（也实现 SIP/SIMPLE 标准的）IM 系统互操作。

（2）通过提供基于 REST 风格的 Web Service 接口实现与第三桌面应用、第三方 Web 应用的集成。

（3）通过提供 C/C++接口实现与第三方桌面应用的集成。

（4）通过提供 C/C++接口实现与第三方 IM 系统互操作。

#### 7.4.5.5　可管理性设计

即时通信系统支持基于 SNMP 协议监控 IM 服务器的基本信息、容量和吞吐量等运行时信息。

管理控制台（SNMP Manager）通过 IM Database 获取各服务器的 SNMP Agent IP 地址和端口，然后向 SNMP Agent 发送 SNMP 管理命令以实现 SNMP 管理。

此外，即时通信系统支持基于 REST 风格的 Web Service 管理接口。

#### 7.4.5.6　安全性设计

根据系统功能及相互间的访问方式，即时通信系统将网络定义为典型的三层网络架构：公网、DMZ 区和内网。公网连接互联网上用户；DMZ 区与公网连接，部署着直接响应用户的系统（如 Sip Server、Relay Server 和 IM Gateway 等），内网部署数据存储系统，安全性部署方式如图 7-42 所示。

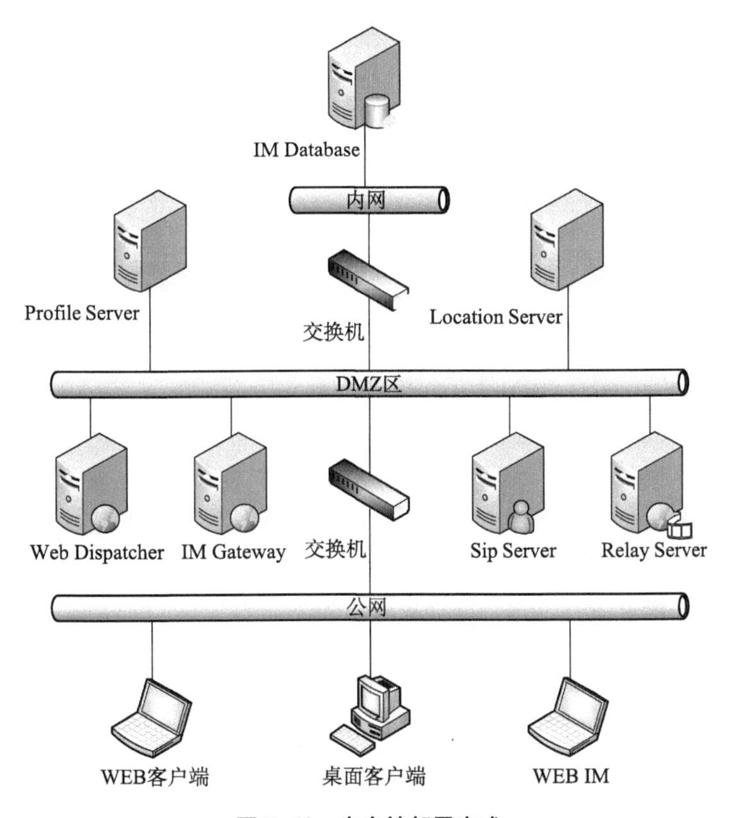


**图 7-42　安全性部署方式**

将数据存储系统部署在内网，可以保证数据的访问只能来源于特定服务器，确保数据的存储安全可靠。

基于系统运维安全管理的需要，对所有部署在 DMZ 区的服务器限制其远程登录以及其他非服务端口，出于安全方面的考虑，所有内网服务器均使用私网地址，部署在 DMZ 区的服务器如果需要公网 IP，可通过接入公网网络交换机来实现。

#### 7.4.5.7 可扩展性设计

模块化和可扩展性是通过基础框架+插件实现的。

在 IM 系统中，基础框架为插件提供运行时环境，实现了可适配的 I/O、并发、事件、协议等架构策略。框架（Framework）是整个或部分系统的可复用设计，表现为一组抽象构件及构件实例间交互的方法。可以说一个框架是一个可复用的设计构件，它规定了应用的体系结构，阐明了整个设计、协作构件之间的依赖关系、责任分配和控制流程，表现为一组抽象类以及其实例之间协作的方法，它为构件复用提供了上下文（Context）关系。

插件的本质在于在不修改程序主体（基础框架）的情况下对软件功能进行扩展与加强。当插件的接口公开后，任何公司或个人都可以制作自己的插件来解决一些操作上的不便或增加新的功能，也就是实现真正意义上的“即插即用”软件开发。基础框架+插件软件结构是将一个待开发的目标软件分为两部分，一部分为程序的主体或主框架，可定义为基础框架，另一部分为功能扩展或补充模块，可定义为插件。

为了实现基础框架+插件结构的软件设计，需要定义两个标准接口，一个为由基础框架所实现的框架扩展接口，一个为插件所实现的插件接口。这里需要说明的是，框架扩展接口完全由基础框架实现，插件只是调用和使用，插件接口完全由插件实现，基础框架也只是调用和使用。框架扩展接口实现插件向平台方向的单向通信，插件通过基础框架扩展接口可获取基础框架的各种资源和数据，包括各种系统句柄、程序内部数据以及内存分配等。插件接口为基础框架向插件方向的单向通信接口，基础框架通过插件接口调用插件所实现的功能。

## 7.5　本章小结

本章主要介绍了桌面办公应用平台为内网用户提供的主要办公组件，包括桌面应用平台、资源库、即时通信系统等。首先介绍了桌面应用平台的主要功能结构、主界面设计、软件架构和基本功能框架。其次详细介绍了应用库、文献库、音频库、视频库和模板库等 5 个主要资源库的软件架构、主要功能和配置使用方法。最后介绍了即时通信系统的软件架构、通信协议、基础功能框架和部署使用方法。为用户利用虚拟桌面技术搭建内网办公应用平台，提供丰富的办公应用资源给出了相关技术参考。

第8章

# 安全管理平台设计

信息安全是信息化的基石，GDesk 系统的安全稳定运行离不开安全保障平台。本章介绍 GDesk 最后一个核心子系统——安全管理平台（GSM），其主要职责是为整个虚拟桌面办公系统提供安全防护和安全管理服务，实现用户访问控制、安全配置管理、病毒防护、数据安全和安全审计等功能。

本 章 导 读

- 平台概述
- 安全风险分析
- 桌面管理员角色划分
- 平台结构和功能
- 用户访问控制
- 虚拟桌面安全配置管理
- 虚拟桌面病毒防护
- 数据安全
- 安全审计

## 8.1 平台概述

安全管理平台，简称GSM，主要针对虚拟桌面应用集中部署，用户数据集中存储管理的特点，对整个虚拟化桌面环境进行安全保护。平台通过一定的安全硬件设备和安全软件，对桌面用户和接入设备进行可信认证；对后台桌面应用服务器的安全状况，通过Web界面进行监测和管理；对各应用服务器进行安全策略部署，防病毒；对域控服务器、病毒服务器、桌面应用平台后服务器等的操作进行安全审计。

## 8.2 安全风险分析

政务安全虚拟桌面系统在为用户提供方便的桌面办公功能的同时，需要考虑整个桌面系统（前台和后台）的安全，对整个桌面系统进行安全保护。相对于传统PC遇到的安全风险，传统的PC风险主要集中在用户端，只影响单个用户个体，对其他的用户影响较小，风险分布分散，问题定位和修复困难较大；而虚拟桌面环境下，用户端的功能被弱化，桌面后台服务器端功能大大增强，用户的数据存储和桌面应用资源的部署运行都集中在服务器端，因此整个桌面系统的安全风险大部分集中在服务器端。根据虚拟桌面的特点，本书从桌面前端、后台系统、访问过程和数据安全等几个方面分析其存在的安全风险。

### 8.2.1 接入风险

随着各单位对外服务业务的增多，对外连接需求不断增大，特别是分支结构和出差人员需要实时接入单位内网进行数据传输和资源访问，或者利用移动终端随时接入单位内网或者互联网等，这些都让单位原有较为明确而且封闭的网络边界变得日益模糊。同时，企业内网结构也越来越复杂，应用系统和终端数量都有了大规模的增长，内部网络按照功能进行分区和隔离，逐步形成不同的网络计算环境。业务随时调整和网络互连手段的增加，无线网络普及，使得内部网络之间的边界实时动态变化。移动接入导致的网络边界模糊，使得防护难度与日俱增。为了实现全面有效的安全保障，必须考虑对各种接入方式采取有针对性的防护措施。

伴随着网络安全等级保护工作的推进，各单位安全建设取得了一定的发展，基本的防护手段已经配备，包括终端防病毒、边界防火墙、入侵检测等，但面对各种网络接入方式，如何有效保障网络全网全程的安全可信，传统的安全防护思路和技术面临着挑战。

移动办公可以充分提高办公效率，也就是使员工能够随时随地安全地访问关键业务资源，这对于提高企业生产率来说是非常关键的。但如果这些关键资源却没有得到有效隔离和防护，非法入侵者可以很容易地取得内部员工身份和权限对业务系统实施攻击或窃取数据，由于缺乏有效监管手段，事后无从查证。

### 8.2.2　服务器安全防护

服务器处于 IT 系统的核心位置，因此服务器安全是每个用户都必须重视的问题。服务器普遍存在漏洞是事实，据统计，99%的黑客攻击事件都是利用未修补的漏洞或者错误配置导致。另外，许多部署了防火墙、IDS、防毒软件等安全保护措施的服务器仍然会受到黑客及恶意软件的攻击，其主要原因是企业缺乏一套完整的风险评估和动态监测机制，未能落实定期评估、实时监测与漏洞修补等工作，造成漏洞被忽略，最终成为黑客攻击的入口，或者是恶意程序攻击破坏的目标。

### 8.2.3　数据风险

大数据时代，数据安全是企业面临的最大信息安全风险点。虽然将海量的数据集中存储，便于集中防护和管理，但是也容易由于安全管理不到位而造成数据丢失和损害，甚至会引发毁灭性的数据灾难。有专家指出，由于新技术广泛应用，对于个人数据的采集和使用越来越广泛，对隐私权的侵犯已经成为非常严峻的问题，由此所引发的数据安全风险和隐私保护风险也将更加严重。对数据进行安全管理，是每一个企业和用户都希望的，但是在数据量不断增长的当下，面对庞大的数据量，数据安全管理显得不是那么容易。

目前常见的数据安全风险有以下几种。

（1）数据存储介质丢失。现在移动存储介质种类繁多，如光盘、U盘、SD卡、TF卡和移动硬盘等，由于移动存储介质的便携性，员工有时会无意中丢失，或者被攻击者有意窃取。若设备中含有机密的数据信息，就会被攻击者利用，对企业造成危害。

（2）内部人员泄密。企业很多的安全保障措施一般只从外向内进行防护，对于内部员工比较信任，因此采取的防范相对较弱，尤其是具有超级特权、能够访问大量机密信息的员工，例如数据库管理员、系统和网络管理员等。有的企业负责营销的人员手中通常掌握着大量的客户资料，他们可能将手中的商业信息或个人信息出售给企业的竞争对手，或者将它直接出卖给黑客，以此非法获得利益。

（3）黑客攻击。黑客利用攻击手段进入系统内部，并获得内部资源和文件的访问权限，再通过一些非常规的手段获得企业的机密数据。常见攻击方法包括使用网络嗅探、中间人攻击等方式来窃取在企业内部局域网存储和传输的机密数据。有的则通过物理方式直接拷贝机密数据到可移动存储设备中。在使用无线局域网的企业中，攻入内部的黑客还可以通过无线网卡加软件的形式伪造一个非法无线 AP，欺骗内部员工将自己的手机、电脑等无线设备连接到这个非法无线 AP 上。一些外部黑客通过社会工程方式欺骗企业内部员工，或使用网络钓鱼方式欺骗内部员工计算机感染木马，然后入侵企业数据库或文件服务器，获得敏感数据。在无线局域网中，外部攻击者可以通过使用无线嗅探软件的方式，得到经过 WEP 加密的核心数据。

（4）直接物理接触方式攻击。这种攻击方式大多是由企业内部发起。由企业内部的员工发起的攻击通常难以防御，因为他们可以轻而易举地躲过边界防线，直接接触到保存有机密数据的网络设备和服务器设备，然后通过拷贝、拍照、打印，发送电子邮件，甚至直接将存储媒介拆走等方式来得到核心数据。一些外部攻击者，也可以通过社会工程的方式，欺骗企业保安人员和内部员工相信他是正常来访者，从而直接进入企业内部进行数据盗取操作。

### 8.2.4　应用安全风险

信息安全是企业信息化发展的重要保障。随着企业信息化程度的不断提高，信息安全工作应引起各企业的高度重视，虽然近年来网络安全方面的技术研究和应用发展较快，但是针对应用软件安全开发方面的技术研究却较少。

应用软件的安全问题一般分为内因和外因两个方面。首先是内因，一是由于软件本身有安全问题，如软件自身设计缺陷，内存溢出或者堆栈溢出等问题；二是内部环境，由于误操作或者内部人员主观故意损坏等使得企业应用软件面临严重安全风险。其次是外因，一是由于应用软件的运行环境问题，如操作系统版本、漏洞、补丁更新不及时等；二是由于黑客、病毒等恶意攻击行为，增大了应用系统遭受安全威胁和入侵的风险。

### 8.2.5　审计安全

桌面用户对于桌面的操作具有很大的随机性，不同用户的使用习惯都不尽相同，用户的各种操作可能对桌面的稳定性产生影响。在虚拟桌面环境下，用户桌面和数据都存在远端，由管理员进行集中管理和控制。管理员能够直接登录后台的各个服务器进行直接操作，此时会存在管理员的权限过大，管理员的操作不受控的风险，需要对管理员的权限进行约束和记录。

## 8.3　桌面管理员角色划分

安全管理一般采取三权分立的管理机制，以最小授权和权值分离为原则，将超级用户权限集进行划分。每个用户应该被分配能够完成工作的最小权限，然后根据管理任务职责划分，设立系统管理员、安全管理员和审计管理员等角色，依据角色划分权限，如表 8-1 所示。每个角色各负其责，权限相互分立，一种管理角色不应具有另一种管理角色所具有的权限。如系统管理员负责系统及软件的安装、管理和日常维护、增添用户账号、数据备份等；安全管理员负责安全策略的配置和管理；审计管理员负责配置系统的审计策略，察看管理系统的审计信息等。这三个角色互相制约。入侵者破获某个或某两个管理角色的口令时不会得到对系统的完全控制，做到了比较好的可控安全性管理。如果用户（包括系统管理员）在登录后默认分配的安全级别是最低的，他无法访问高级别的文件，那么当入侵者取得系统管理员权限后，就很有可能被拒绝访问一个高安全级别的文件。而安全级别的调整只有通过安全管理员才能完成。因此，只要安全管理员对高安全级别文件设置了高级别的安全标记，系统管理员就无法利用默认权限访问这些文件。由此可知，安全管理员可以对系统管理员的权限进行有效的限制。

**表 8-1　系统角色及权限划分**

| 系统角色 | 子角色 | 职责 |
|---|---|---|
| 系统管理员 | 桌面管理员 | 1. 添加、修改、删除桌面用户信息；<br>2. 添加、修改、删除、发布桌面应用 |
| | 运维管理员 | 1. 安装维护桌面后台服务器系统；<br>2. 用户桌面数据备份 |
| 安全管理员 | 密钥管理员 | 1. 管理加密机密钥；<br>2. 管理 USB Key 的 PIN 码；<br>3. 数字证书颁发 |
| | 策略管理员 | 制定用户密钥分发、管理、更新、销毁等策略 |
| 审计管理员 | 桌面审计员 | 1. 审计桌面用户操作信息：登录名、登录时间、注销时间、打开哪些应用；<br>2. 审计桌面管理员操作信息：用户信息操作、应用操作和桌面的会话强制关停 |
| | 运维审计员 | 1. 审计运维人员对桌面系统各服务器系统、应用和数据库的直接操作；<br>2. 定期备份各服务器的系统、应用和用户数据 |

## 8.4　平台架构和功能

### 8.4.1　平台架构

安全管理平台逻辑部署架构如图 8-1 所示，平台通常部署在独立的安全管理区，主要包括安全管理服务器、病毒管理服务器和安全配置管理服务器。

图中，用户访问后台桌面系统都需要经过接入认证网关认证后，才能够直接访问桌面应用和数据文件，确保接入的用户和设备都是合法的。安

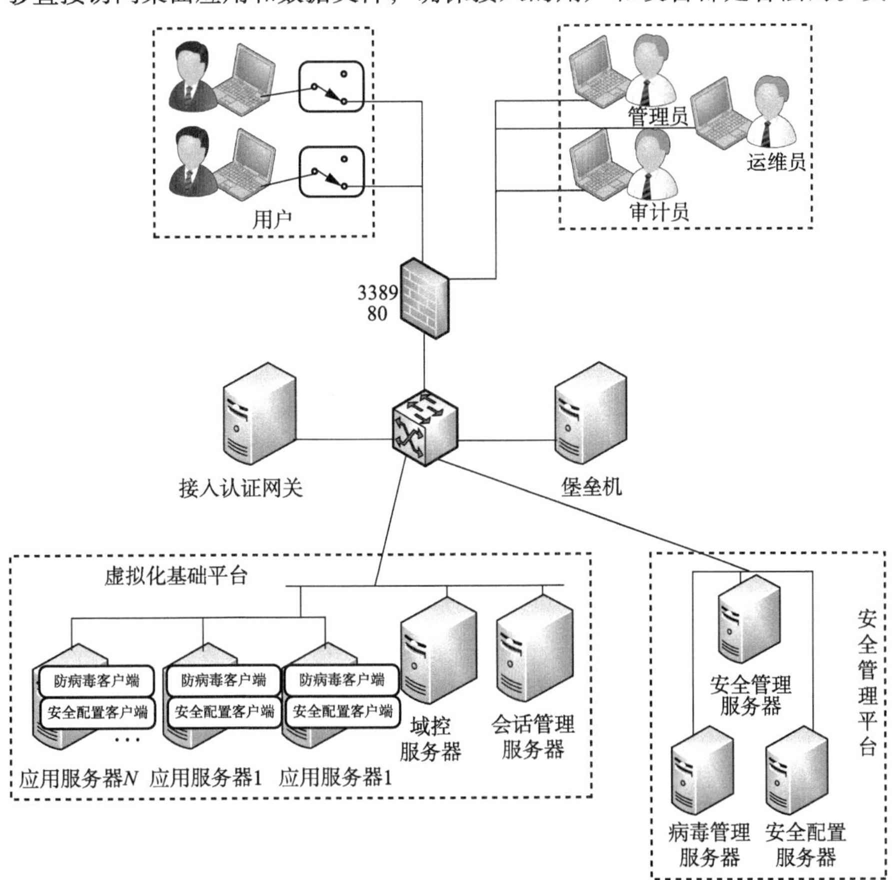


**图 8-1　安全管理平台逻辑部署架构**

全管理平台控制和监测各应用服务器防病毒和安全配置情况。管理员、运维员都通过运维堡垒机，间接操作各服务器，操作都会在堡垒机上有记录，审计员可以对操作行为进行审计。

### 8.4.2 功能结构

如图 8-2 所示，安全管理平台从四个层次对整个桌面系统进行安全保护，从用户端到服务器端，全程提供安全保护。

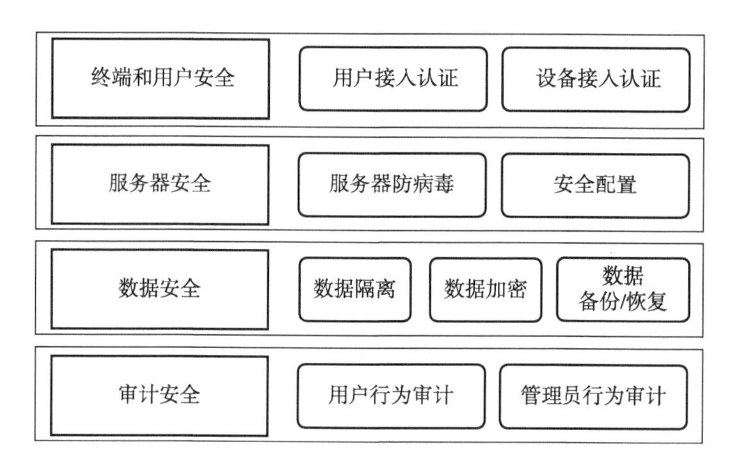


**图 8-2　安全管理平台功能层次划分**

（1）终端和用户安全。用户接入认证和设备接入认证，保证接入的设备和用户的合法性，禁止非法设备和用户的非法接入。

（2）服务器安全。服务器防病毒和安全配置，安全配置桌面服务器系统补丁和漏洞，保护应用资源池应用软件和用户数据避免被病毒破坏，保证后台桌面服务器的安全。

（3）数据安全。数据隔离、数据加密和数据备份恢复，集中保护用户桌面数据，保证桌面不同用户的数据独享隔离访问。用户数据一人一密加密，密文存储防止数据管理员窃取数据，用户数据完整备份和实时增量备份，能够灾难恢复，保证用户数据的完整性。

（4）审计安全。审计包括桌面用户行为审计和管理员行为审计，记录桌面用户登录、注销桌面连接，应用操作和相关的数据文件操作；记录系统管理员桌面系统的调整，应用部署，用户和应用信息的管理等操作，以及安全管理员的对于相关的安全策略配置和用户权限的操作记录。

##  8.5 终端设备接入控制

前置客户机作为 GDesk 系统用户端的接入设备，是用户端连接后台桌面系统的唯一入口，所以对于每台 T-Line 设备，结合自身的硬件信息，给其颁发合法身份证明，设备身份证书。终端设备接入控制是在前置客户机连接远程虚拟桌面时，通过接入认证网关对终端设备的数字证书进行鉴权，确保合法终端设备安全接入，非法设备拒绝接入，防止设备仿冒，保障桌面访问的安全性，如图 8-3 所示。

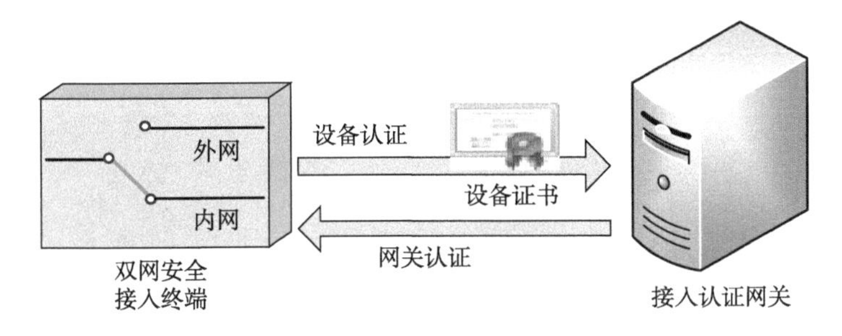


**图 8-3 终端设备接入控制**

### 8.5.1 功能模块

（1）设备认证客户端。

设备认证客户端是内嵌在前置客户机存储上的基于 Linux 的客户端程序，能够读取前置客户机内置的 Key 的设备证书，配合后台接入认证网关，对接入终端和接入网关进行标准的 SSL 双向认证，并接收接入网关反馈的认证结果，传递给接入终端控制程序，保证设备的身份的合法。

（2）设备证书。

每台前置客户机都内置一张由国家电子政务外网管理中心 CA 颁发的设备数字证书，存储于内置的 USB Key 中，证书结合了设备自身的硬件信息，确保了设备的唯一性。同时，基于数字证书的加密技术可以实现加密传输、数字签名和数字信封等安全技术，因此可以对网络上传输的信息进

行加解密、数字签名，以及进行签名验证，确保网上传输信息的机密性、完整性及抗抵赖性，从而保证了接入设备身份信息的合法性，用于标识设备的合法身份。

### 8.5.2 认证流程

如图 8-4 所示，前置客户机的认证是双向的，终端设备和认证网关都要进行标准的 SSL 双向认证，确保认证双方的设备都是合法设备。

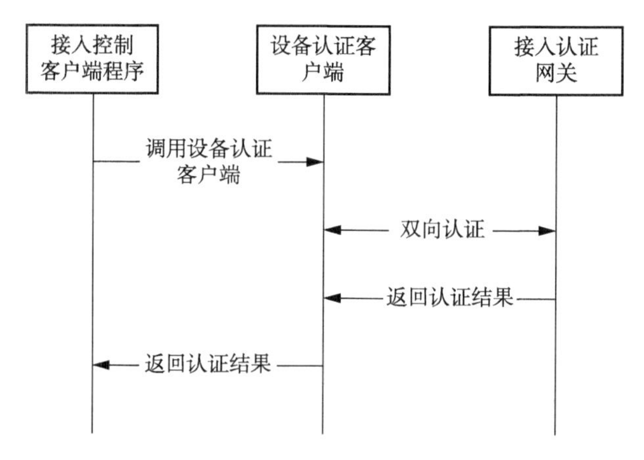


**图 8-4 终端接入认证流程**

（1）接入控制客户端程序调用设备认证客户端，启动设备认证过程。

（2）设备认证客户端通过调用 USB Key 的证书信息读取接口，读取设备证书信息。

（3）设备认证程序和接入认证网关之间进行标准的 SSL 双认证过程，既认证设备合法性，又认证接入网关合法性。

（4）接入认证网关将认证结果反馈给设备认证客户端。

（5）设备认证客户端将反馈的结果通知给接入控制客户端程序。

## 8.6 用户访问控制

用户访问控制是用户登录远程虚拟桌面时，通过认证客户端和接入认证网关对终端设备的数字证书进行鉴权，确保合法用户安全登录，非法设备拒绝登录，防止用户身份仿冒，保障用户桌面访问的安全性。

### 8.6.1　功能设计

（1）用户认证客户端。

安装在前置客户机内部，能够调用 USB Key 接口，读取 USB Key 中的用户证书信息，和远程的接入认证网关配套，进行用户身份认证。

（2）用户证书。

每个合法的用户都拥有一枚 USB Key，每个 USB Key 内都有一张由国家电子政务外网管理中心 CA 颁发的用户身份数字证书，记录用户注册的信息，如用户姓名、身份证明、工作单位、通信地址等信息，用于标识用户的合法身份。

### 8.6.2　认证流程

认证流程如图 8-5 所示。

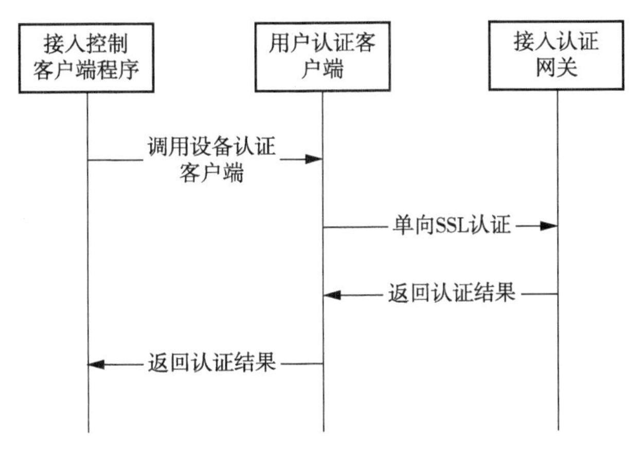


**图 8-5　用户认证流程**

（1）接入控制客户端程序调用设备认证客户端，启动用户认证过程。

（2）设备认证客户端通过调用 USB Key 的证书信息读取接口，读取用户证书信息。

（3）设备认证程序和接入认证网关之间进行标准的 SSL 单向认证过程，认证用户合法性。

（4）接入认证网关将认证结果反馈给用户认证客户端。

（5）用户认证客户端将反馈的结果通知给接入控制客户端程序。

## 8.7 虚拟桌面安全配置管理

在虚拟政务安全桌面系统中，用户不独享虚拟机和应用，应用资源都集中部署和运行在应用代理服务器上，共享应用服务器系统和应用资源，所以，主要的安全配置也是针对应用服务器系统 Windows Sever 2008 R2 x64 和安装在其上的应用软件的。在安装应用服务器时，可以通过初始化配置好的服务器系统镜像进行统一的配置，保证所有的应用服务器在初始化时处于同样的安装配置状态。在应用服务器运行后，可以通过 Web 管理平台，为服务器进行安全配置，检测配置结果。

### 8.7.1 安全配置管理系统功能结构设计

安全配置管理系统应用支撑平台以安全配置基线的形式进行安全配置管理，其由四个部分构成，分别是基线编辑系统、基线验证系统、基线部署系统和配置检测系统[20]。其中，基线编辑系统主要用于将配置清单自动转换生成安全配置基线；配置基线验证系统用于对安全配置基线进行验证和测试；配置基线部署系统用于对安全配置基线进行自动化部署；配置监测系统用于对安全配置状态进行全面实时监测[21]，如图 8-6 所示。

#### 8.7.1.1 基线编辑系统

基线编辑系统用来生成安全配置基线，安全管理员依照安全配置基本要求对配置清单中所选配置项进行转换和处理，生成可以编辑、解析、分发和部署的安全配置基线。基线编辑系统应包括基线生成器和基线编辑器两个部分。

（1）基线生成器主要用于生成原始的安全配置基线，可根据清单内容逐项录入或由清单模版自动录入。

（2）基线编辑器主要用于修改安全配置基线中的配置项的基值，并可进行添加、修改、合并、删除等编辑操作。

#### 8.7.1.2 基线验证系统

基线验证系统块用于验证安全配置基线的有效性、适用性和兼容性，

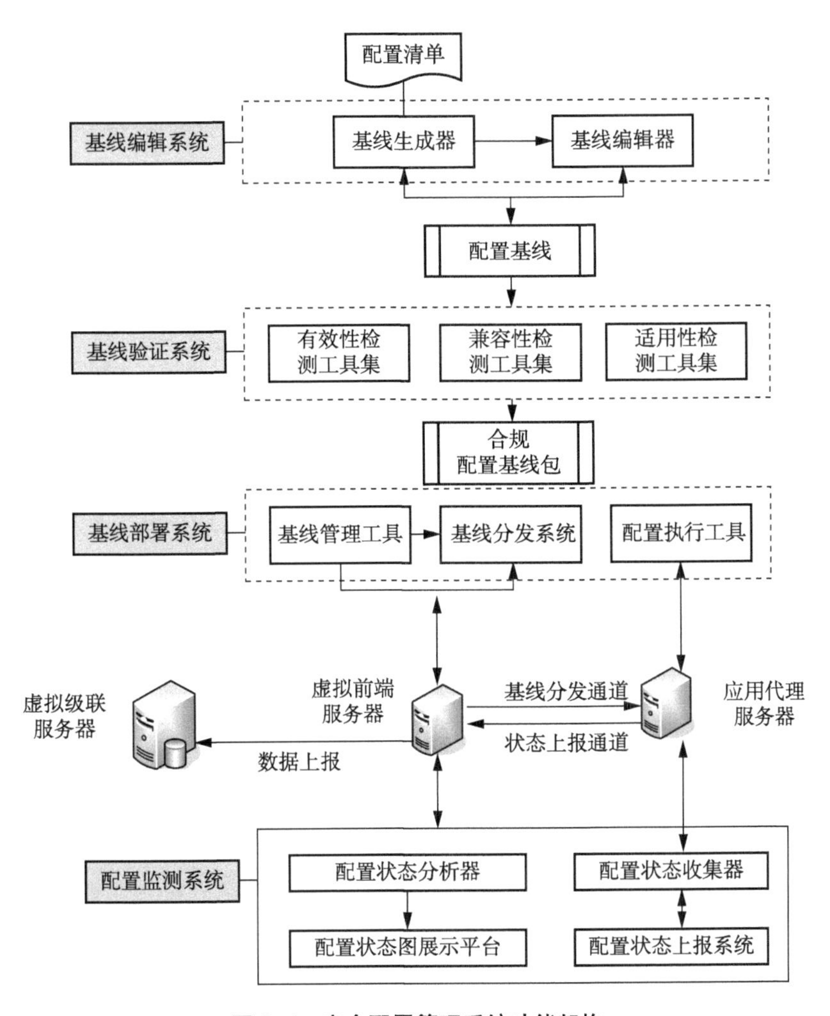


**图 8-6　安全配置管理系统功能架构**

保证所要部署的配置基线的实施效果和安全。

有效性检测可采用人工测试与工具测试相结合的方法，验证安全配置基线是否生效。具体要求包括：①安全配置基线部署前，自动收集测试终端的脆弱性情况；②安全配置基线部署后，检测各配置项的实际赋值是否与基值相一致；③对测试终端进行渗透测试，检验各配置项是否发挥安全作用。

兼容性检测用于测试安全配置项之间的兼容性，解决虚拟机终端安全配置项之间的冲突问题。具体要求包括：①支持安全配置项的分析对比，找出有冲突的配置项；②可修改存在兼容性问题的安全配置项。

适用性检测用于评估安全配置基线对终端应用环境的影响，包括功能影响、性能影响、系统异常风险等。具体要求包括：①能够收集测试虚拟计算机终端软硬件环境信息，识别操作系统版本，以及已安装的应用程序；②能够针对具体的配置项，检查其影响范围，识别出受其影响的软件清单及其原因；③能够识别异常现象，追溯其产生的原因，定位相关配置项；④支持多用户环境下的适用性测试，支持常用软件和业务应用软件的适用性检测。

#### 8.7.1.3 基线部署系统

基线部署系统可进行安全配置基线管理、分发、配置项赋值，由基线管理工具、基线分发系统和配置执行工具三个部分组成。

（1）基线管理工具包括安全配置基线上载，配置信息查看，安全配置基线按照 IP 或部门区域指派，安全配置基线更新和删除等功能。

（2）基线分发系统将基线按照指派分发到虚拟计算机客户端，可采用虚拟服务器推送和虚拟计算机客户端下载双向通道模式进行分发。

（3）配置执行工具按照配置基线自动对操作系统的注册表、WMI、Admx 等进行参数赋值，可在赋值前备份当前环境，可启用 system 权限在后台进行赋值。

#### 8.7.1.4 配置监测系统

配置监测系统是安全管理员掌握虚拟计算机终端安全配置状况的一个重要手段，主要由安装在虚拟计算机终端上的配置状态收集器、配置状态上报系统和部署在虚拟服务器上的配置状态分析器、配置状态图展示平台、配置状态预警系统组成。

（1）配置状态收集器定时收集当前终端的安全配置项参数设置情况。

（2）配置状态上报系统用于将收集的配置状态上传至服务器。

（3）配置状态分析器用于对上报的配置状态与安全配置基线中的配置项基值进行比对和统计分析。

（4）配置状态图展示平台通过图、表等展示手段输出分析结果。

## 8.7.2 虚拟桌面环境下的安全配置

虚拟桌面环境下安全配置基线主要涉及应用服务器硬件安全配置、软件安全配置和核心安全配置，如图 8-7 所示。

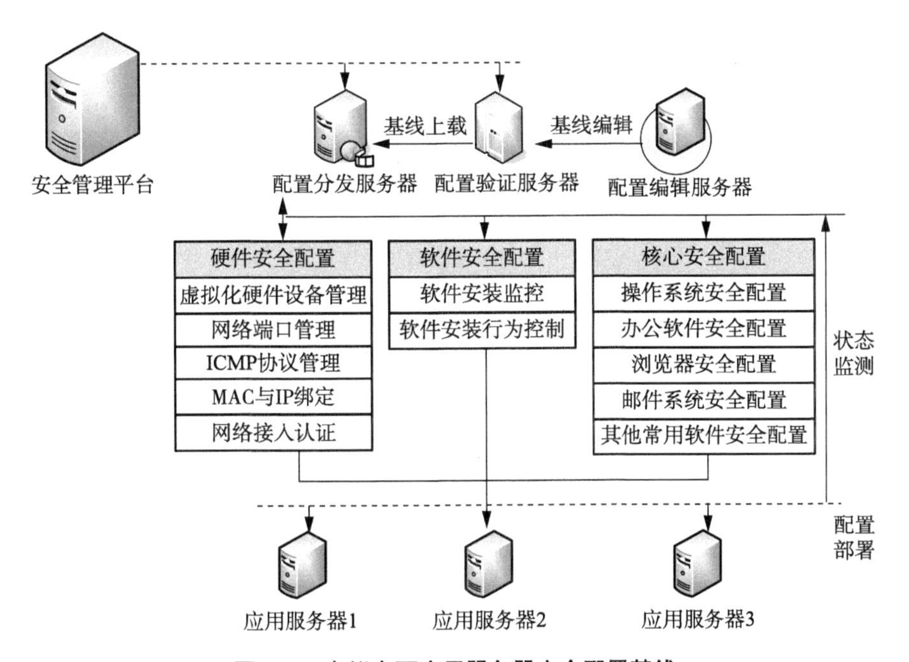


**图 8-7　虚拟桌面应用服务器安全配置基线**

### 8.7.2.1 硬件安全配置

为了避免存在不可信硬件以及外联端口给终端带来危险，通过对 Windows 系统设备管理器中的相应参数进行设置“启用”或者“禁用”，控制虚拟计算机终端输入、输出设备的使用。同时，加强对网络端口、网络协议、网络接入认证以及通信地址的安全管理，全面保证硬件设备层的可知、可控、可信的安全要求。

（1）虚拟化硬件设备管理。

控制硬件外设的使用，包括光驱、软驱、USB 移动存储、USB 全部接口、打印机并行口、调制解调器、串行口、并行口、1394 控制器、红外设备、蓝牙设备、PCMCIA 卡、冗余硬盘、磁带机、冗余 SCSI 设备等；监控 CPU、内存、硬盘等关键硬件的信息，保障它们的正常运行。

（2）网络端口管理。

基于各种网络协议的原理和各种网络软件对网络的实际应用，控制各种网络和计算机端口的使用，降低被利用的风险。例如需要关闭的端口包括21端口、80端口、135端口、137端口、138端口、139端口、445端口，在客观上起到防火墙的作用。

（3）ICMP协议管理。

ICMP协议是判断计算机之间互相通信信息的重要手段，根据实际需求，可以对其进行以下控制：①“禁止ping入”，是指不允许其他计算机（包括局域网计算机和远程计算机）用ping命令来探测本地计算机的通信状态；②“禁止ping出”，是指不允许设置的对象客户端机器用ping命令来探测其他计算机（包括局域网计算机和远程计算机）的通信状态；③“禁止双向”，指同时禁止任意两台计算机（至少有一台是本地计算机）的通信检测。

（4）MAC与IP绑定。

绑定客户端IP和MAC，防止非法接入。当绑定内容发生变化时，启用安全保护机制，包括：①启用IP保护，防止其他设备使用与本机相同IP地址而造成的地址冲突；②禁止修改网关，如果网关改变则自动恢复原先的设置；③禁用冗余网卡，保留与区域管理器通信的网卡；④禁用其他的网卡。

（5）网络接入认证。

用户可通过本地认证、Radius认证或IP/MAC绑定认证后接入网络，网络管理员可对辖内用户的带宽、网络应用类别、网络访问时间、网站过滤、内容审计、Web推送等进行设定，便于进行用户行为管理及审计和违规外联监控。

#### 8.7.2.2 软件安全配置

根据应安装软件列表、可安装软件列表和禁止安装软件列表，实现监控已经安装的软件，限制要安装的软件。

（1）软件安装监控。

用于监控虚拟计算机终端安装的软件是否违规并做出相应的处理。输入禁止安装软件的主程序名称，并支持模糊查询技术。还可以添加自定义的黑名单和白名单，并分别配置违规处理措施，高级策略项等配置。

（2）软件安装行为限制。

限制软件安装行为，包括“禁止在注册表 Run 项里添加自启动项”“禁止在注册表 Services 项里添加自启动项”“禁止在程序启动项中添加项”“禁止在程序项中添加快捷方式”，同时可以填写例外的进程和文件名，使之策略不对其起作用。

### 8.7.3　核心安全配置

对虚拟机终端操作系统、办公软件和浏览器、邮件系统软件、其他常用软件等与安全有关的可选项进行参数设置，限制或禁止存在安全隐患或漏洞的功能，启用或加强安全保护功能，增强终端抵抗安全风险的能力。

#### 8.7.3.1　操作系统安全配置

（1）身份鉴别配置。①加强账户登录管理。账户登录时应启动身份验证机制，连续多次登录失败后应锁定账户；启动账户登录界面时，应禁止无关进程的启动和运行。②加强口令管理。应配置安全的口令长度、复杂度、有效期和加密强度，禁止不设置口令。③访问控制配置。④加强账户管理。禁用匿名账户（anonymous）、来宾账户（guest）、产品支持账户（Support），限用管理员账户（administrator），限制普通用户的访问权限，禁止所有账户或未登录账户远程访问。⑤加强权限管理。限制对文件、硬件、驱动、内存和进程等重要资源的访问权限。⑥加强服务管理。禁用信息共享、动态数据交换（DDE）、互联网信息服务（IIS）、FTP 和 Telnet 等网络连接、远程网络访问等服务，限制蓝牙等无线连接。⑦加强操作管理。限制权限提升和授权访问等操作，禁止介质自动运行，限制软件下载、安装和升级操作。

（2）数据保密配置。应启用磁盘加密系统等数据保密配置。

（3）剩余信息保护配置。①关闭系统时应清除虚拟内存页面文件；②断开会话时应清除临时文件夹；③禁止剪切簿存储信息与远程计算机共享。

（4）安全审计配置。①启用安全日志，记录账户的创建、更改、删除、启用、禁用和重命名等操作，记录账户登录和注销、开关机、配置变更等操作；②启用系统日志，记录对文件、文件夹、注册表和系统资源的访问操作。

（5）系统组件安全配置。①启用资源管理器数据执行保护（DEP）模式和 Shell 协议保护模式；②打开邮件的附件时，应启用杀毒软件进行扫描；③应启动屏幕保护和休眠功能，设置唤醒口令；④应开启系统定期备份功能。

#### 8.7.3.2 办公软件安全配置

（1）禁止 ActiveX 控件的使用。

（2）禁用所有未经验证的加载项。

（3）限用未数字签名的宏。

（4）限制在线自动更新升级，网上下载剪贴画和模板等资源，访问超级链接。

#### 8.7.3.3 浏览器安全配置

（1）浏览器设置。①禁止运行 java 小程序脚本；②限制下载和安装未签名的 ActiveX 控件；③开启浏览器的保护模式。

（2）域管理配置。①访问以太网的安全级别应设为中或高；②访问企业专网的安全级别可设为中；③受信站点的安全级别可设为低；④限制访问受限站点，禁止从受限站点下载或保存文件。

（3）隐私保护配置。①退出网页时，删除 Cookie 文件、下载记录、访问网站历史记录和临时文件夹；②限制输入框自动关联功能。

#### 8.7.3.4 邮件系统安全配置

（1）应配置安全的邮箱登录口令的长度和复杂度。

（2）对本地存储的邮件应开启加密功能。

（3）发送邮件时应使用数字签名和数字加密技术，接收邮件时应对数字签名进行验证。

（4）应开启加密协议收发邮件。

（5）禁止直接运行附件中存在安全隐患的类型文件。

（6）禁止运行邮件中的超链接。

（7）启用垃圾邮件过滤功能。

#### 8.7.3.5　其他常用软件安全配置

（1）账户及密码应进行安全配置。

（2）开启或增强安全保护功能。

（3）限制或禁止存在的安全漏洞的服务和功能。

##  8.8　虚拟桌面病毒防护

虚拟桌面病毒防护是对虚拟桌面应用服务器的系统和应用进行统一的防病毒保护，采用 C/S 结构，通过内置防病毒代理客户端，实时检测收集被保护服务器系统和应用的状态，显示于 Web 前端界面，并能生成安全日志文件，定期更新病毒库，保证虚拟桌面不受病毒的侵害。

### 8.8.1　防病毒系统逻辑部署

防病毒系统部署如图 8-8 所示。每台桌面应用服务器上安装杀毒软件客户端，拥有基本的杀毒功能，能够和安全管理平台的控制模块通信，获取控制台的操作指令。

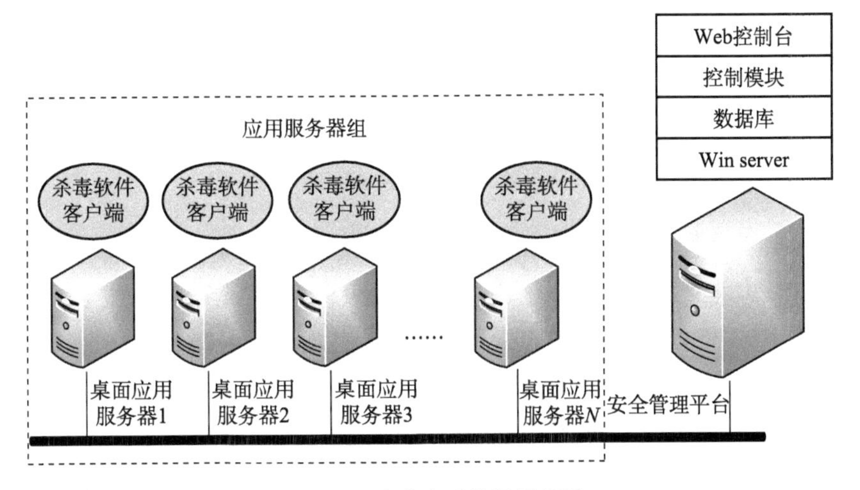


图 8-8　防病毒系统逻辑部署

### 8.8.2 杀毒软件客户端

每个杀毒软件客户端拥有两部分功能：杀毒功能和中间模块，如图 8-9 所示。

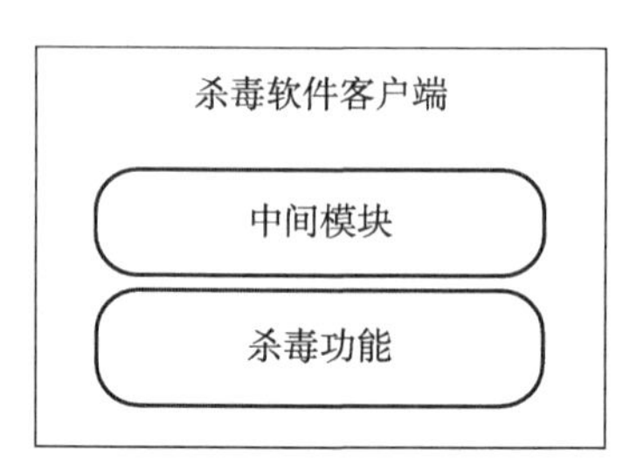


图 8-9 客户端功能模块

#### 8.8.2.1 杀毒功能

杀毒功能是杀毒软件基本应该具备的功能，如全盘杀毒，关键区域查杀，漏洞检测/修复，黑白名单等，为应用服务器提供基本的防病毒保护。

#### 8.8.2.2 中间模块

（1）控制台通信。

开启一个进程，常驻于服务器系统中，随时保证和控制台进行通信，接收控制台的命令，按照指令进行操作。

（2）调用杀毒功能。

根据控制台的指令，调用杀毒功能的类库，执行具体的杀毒功能，并将杀毒结果上报于控制台显示。

（3）上报日志。

定期上报服务器杀毒日志给安全管理平台，并记录在管理平台的数据库中，日志信息包括主机安全状态、安全事件报警和详细事件描述。

①主机。显示的安装杀毒软件客户端时注册的服务器名称。

②状态。显示最近的一次病毒查杀后，主机所处的安全状态。

③IP。安装杀毒软件客户端的服务器所对应的 IP 地址。

④上次查杀时间。记录最近的一次病毒查杀的时间。

⑤操作。快速查杀，扫描应用服务器的关键区域，如系统盘、内存和关键文件夹等；全盘查杀，扫描应用服务器的所有磁盘区域。

### 8.8.3　模块交互

用户通过 Web 控制台针对服务器进行病毒查杀操作，控制模块接收到操作命令和服务器端点的中间模块进行通信，中间模块调用杀毒的功能模块执行控制台操作，操作完成后，上传结果和日志文件给控制模块，控制模块保存日志并将操作结果显示在控制台界面，如图 8-10 所示。

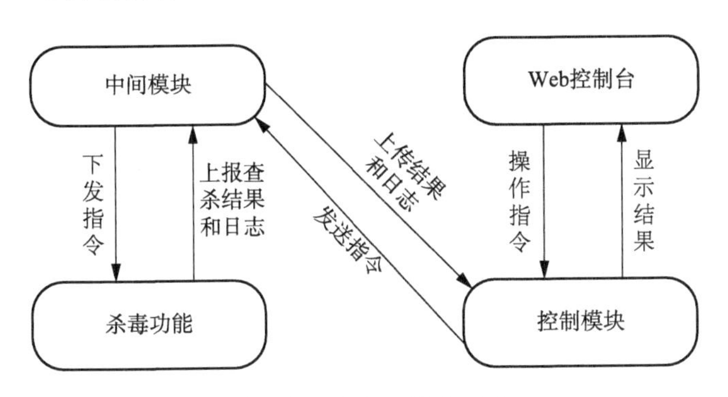


**图 8-10　模块功能交互图**

### 8.8.4　病毒查杀流程

病毒查杀详细流程如图 8-11 所示。

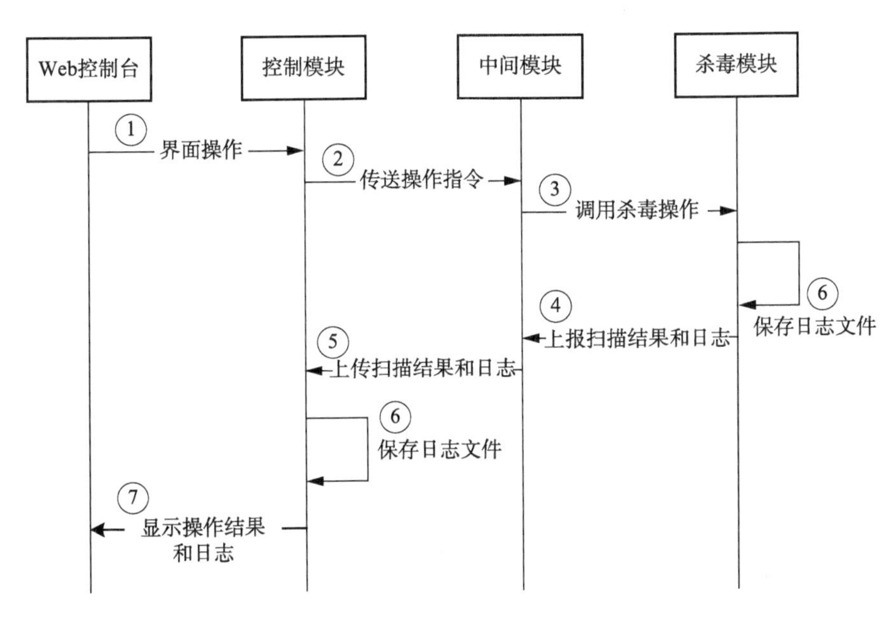


**图 8-11　病毒查杀流程图**

图中各序号流程说明如下。

①在 Web 界面上选择相应的操作，如全盘扫描、快速扫描等功能，并将操作指令传递给控制模块；

②控制模块和应用服务器上的中间模块之间建立通信，将操作指令传递给中间模块；

③中间模块根据接收到的指令信息，调用杀毒模块的相应的接口，执行相应的操作；

④杀毒模块执行根据接收到的操作指令信息，进行扫描和病毒查杀操作，并生成相应的日志文件；

⑤中间模块和控制模块进行通信，反馈扫描结果，上传生成的日志文件；

⑥控制模块接收到日志文件，并保存到数据库中；

⑦用户通过控制台界面查看操作结果和日志文件。

## 8.9 数据安全

数据安全是信息系统的建设的基石，如果数据安全没有保障，那么信息系统建设得多大多广，损失就有多大多广。由于当前的网络技术发展很快，新的技术手段和安全威胁层出不穷。从数据安全的发展来看，数据安全经历了安全技术、关注人的行为、关注管理、关注整体解决方案到回归本质的关注信息本身的立体化整体信息。

目前大多数企业对于数据的存储，都是通过挂接 NAS 等网络存储设备来提供的。该类存储方式具备购建和维护成本低，容量高，便于维护扩展，可靠性高等特点，因此应用广泛。但该类存储系统的数据安全现状及存在的问题如下。

（1）数据的私密性没有保障。文件采用明文方式存储，本身不具备保密性，同时，用户的访问权限没有统一的控制，或根本没有访问控制，容易越权非法访问到未授权的文件。

（2）仅能通过管理员统一管理文件的访问权限，无法根据用户制定文件的访问策略。

（3）对文件的访问没有留下用户的身份凭证，无法进行基于身份的审计。

（4）对于自身安全要求高的政府部门、企业单位，需要将网络存储设备的系统管理权、安全策略管理权、审计权进行分离，同时国家保密局也对此严令要求，因此网络存储具备“三员分离”已成为必要条件。

（5）网络存储设备的管理员可不受控制地任意访问设备内的所有核心机密数据，一旦管理员主动泄密，损失将不可估量。

在虚拟桌面环境下，用户的数据都集中保存在远端磁盘，而非用户本地磁盘。为防止用户之间的非法访问，用户无法直接对自己的数据进行管理，而是全部交由后台桌面系统管理员进行管理和维护。同时，也要防止管理员直接登录文件存储服务器进行访问用户数据访问，所以需要对用户数据进行隔离和加密保护。

数据已经成为企业、机构和个人最重要的财富，无论是在云中，还是在一般的业务系统中，作为数据存放平台的存储系统已逐渐成为恶意攻击者的主要目标，如果存储系统被攻击者成功入侵，或者存储系统的管理员主动泄密，存储数据遭泄露、篡改和破坏的可能性将变大，这对企业、机构或个人造成的损失可能是致命的。

存储安全是信息安全的最后一道防线，它主要采用密码技术保护信息，受保护的数据采用加密存储技术，以密文形式存储在介质上。这样，即使存储介质丢失或被窃，攻击者无法在一定时间期限内破解密码，无法获得真实的数据内容。

### 8.9.1　用户数据隔离

在虚拟桌面环境中，用户和应用服务器都是加入域的，通过 Windows 的域控管理机制和文件漫游技术，在域服务器上为每个与用户建立属于自己的文件夹，并设置文件夹访问权限，保证每个用户登录桌面都只能访问位于域服务器上属于自己的文件夹，而其他桌面登录用户无法看见和访问该文件夹和里面的数据，如图 8-12 所示。

具体方法为：在域控制器的磁盘内建立一个共享文件夹，设置共享权限和安全权限为完全控制，例如为 file，然后在创建用户的时候配置文件路径上输入//servername/file/%username%，当以该用户登录后，服务器为自动在 file 下面创建以该用户命令的文件夹，只有该用户独占，其他用户拒绝访问。

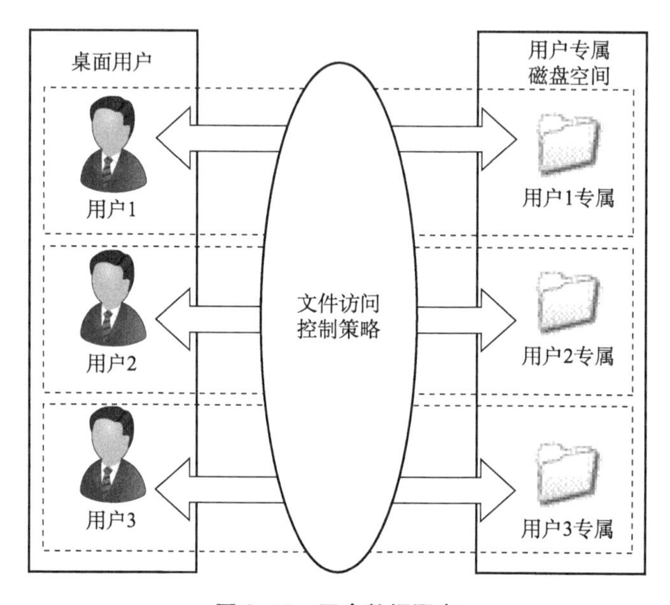


**图 8-12　用户数据隔离**

## 8.9.2　用户数据加密

桌面用户的数据集中存储在数据中心的共享存储设备上，由管理员进行统一管理，管理员具有能够直接访问存储设备的磁盘的权限，用户数据存在泄露给管理员的风险。针对这种情况，需要对用户的文件进行加密，保证存放在用户专属文件夹下的文件数据都是加密的，只有通过正常的桌面登录访问才能看到文件的明文信息，防止管理员访问用户数据。

如图 8-13 所示为数据加密逻辑部署图，数据加密服务器可分为用户认证中心和存储加密服务两个组件，可以面向企业的业务应用系统或云平台提供高并发、大容量的存储数据加密服务。用户认证中心主要负责用户的访问权限管理、用户密钥管理、安全审计和系统监控。存储加密服务通过认证代理、授权代理、加密代理等模块，为最终用户提供严格、安全、透明的文件加解密过滤。内置高速硬件密码卡，密码运算提供多算法、高性能的支持。

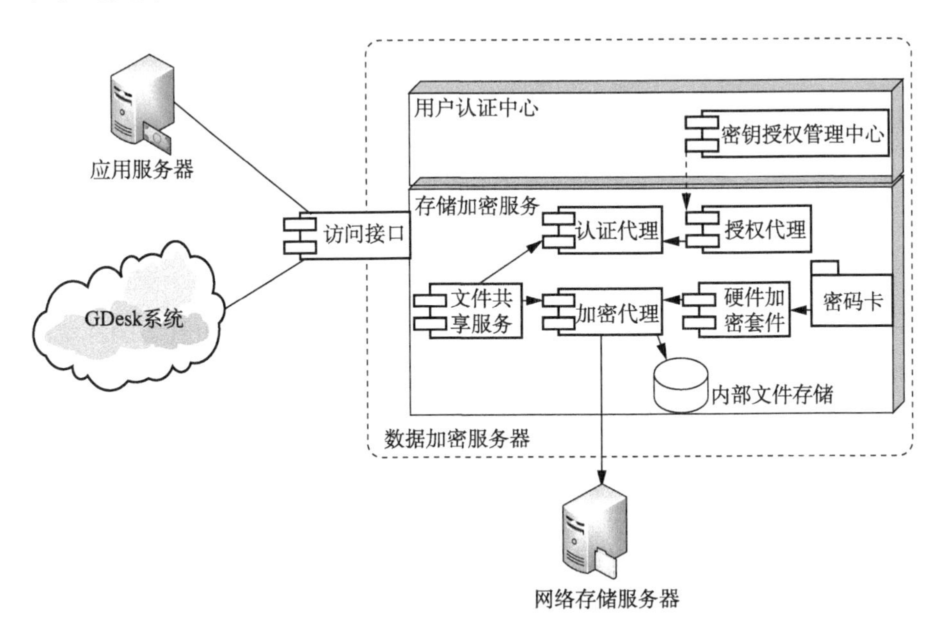


**图 8-13　数据加密逻辑部署图**

数据加密服务器主要具备如下功能。

（1）支持标准文件传输协议。支持业界常见的文件传输和共享标准，包括 CIFS（Samba），FTP，NFS 等标准，兼容不同平台下的应用。

（2）文件级的加解密功能。可以单独针对一个文件进行加解密，对于由 NCS 挂载的存储设备，只要用户的身份通过认可，都可以对该文件进行解密，由此加密的文件可以脱离网络存储设备的束缚，独立地进行拷贝（备份）和传输。同时，加密解密过程对于终端用户是透明的，用户感觉不到加解密的过程。

（3）用户级访问权限控制。可与用户现有身份认证方式（AD 域/LDAP）透明集成；细粒度的用户访问控制策略，可对 IP 地址、访问时间、文件夹权限进行灵活管理，提升安全保密效果；基于用户组管理用户，方便定制统一的策略。

（4）用户的强身份认证支持。支持基于数字证书的用户身份认证方式，可选择 USB Key 作为证书载体，引入数字证书后，可与企业自建的

CA 体系无缝集成，用户的身份认证体系更完善，安全性更高。

（5）B/S 模式的管理中心。NCS 内置 B/S 模式的管理中心，多个 NCS 设备可以统一由一个管理中心进行控制。B/S 模式的界面简化了配置流程，从而可以更简单地进行配置管理。

（6）权限分离的人员管理体系。根据国家保密局标准要求实现“三员分离”（系统管理员，安全保密管理员，安全审计员）的安全管理。

支持安全的人员管理体系，人员体系划分为超级管理员、管理员、操作员三级权限。超级管理员负责分配管理员权限；管理员负责管理系统的服务配置，并负责分配操作员权限；操作员负责完成系统日常的维护性操作。另有审计管理员，独立于其他人员权限，负责所有人员及设备的日志信息的审计工作。人员以 USB Key 作为身份标识和证书载体，人员的操作具有可追溯的日志记录。

（7）带身份标识的日志审计。系统具备完善的日志审计功能，针对用户的文件访问操作提供带身份标识的日志记录，方便审计管理；同时支持对管理员的审计。

（8）设备状态实时监控。支持实时监控服务器的运行状态，包括存储资源使用情况、负载情况、网络流量等信息，便于对现有系统进行性能估算和管控。

（9）双机热备。可两台或多台并联，配置成集群形式，如果出现宕机情况，并行的加密服务器可立刻自动升级为主服务，接管原主服务器的所有工作，保证系统的可用性。

### 8.9.3 数据备份和恢复

#### 8.9.3.1 数据集中存储风险

虚拟桌面平台在后台集中存储数据文件，前端终端设备不会留存任何数据信息，业务及应用的交互也仅在数据中心进行，实现了数据的安全保护机制。但数据集中存储后的数据安全问题更为突出，一旦生产存储设备出现突发问题，数据将会存在丢失或损坏的风险。虚拟桌面平台中产生的文件权限与一般在服务器本机上产生的文件 ACL 权限不一样，在备份与恢复时需要对文件 ACL 权限进行备份与恢复。所以，单位必须采用备份恢复措施，并制定相关的数据备份策略，定期或者实时地将数据备份在副存储服务器上，为每个桌面用户保存一个和主存储服务器上一样的数据副本，当发生数据损坏的情况时，能够进行数据恢复，保证用户的桌面数据的完整性。当单位有更高的安全需求和资金支撑时，也可以进行多级备份，同楼备份、同城备份或者异地备份等，如图8-14所示。

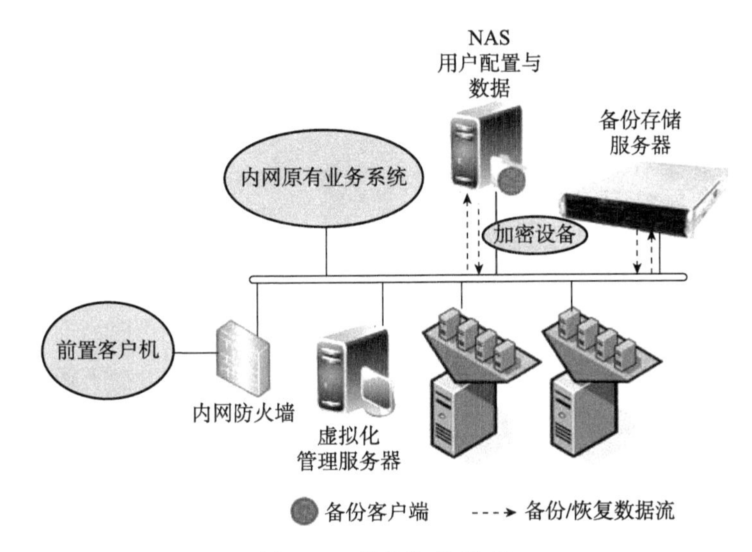


**图8-14　数据备份/恢复**

#### 8.9.3.2　备份/恢复方法

政务安全检查虚拟桌面系统所用的数据备份方法为CDP持续数据保护，以及完全备份+增量备份。持续数据保护技术是对传统数据保护技术的一个重大突破，实现持续数据保护的关键技术是对数据变化随时进行记录和保存，以便实现在任意时间点能够快速恢复。

系统管理员无须关注数据的备份过程，而是仅当系统崩溃或者遭到攻击破坏后，选择需要恢复到的数据备份时间节点即可实现数据的快速恢复。

#### 8.9.3.3　备份/恢复效果

（1）备份与恢复数据采用iSCSI协议进行网络传输，大大提高备份与恢复速度，更加适应海量小文件的备份与恢复。

（2）多版本备份，即使数据删除或发生逻辑错，也可以恢复到以前的备份时间点版本；支持对文件与文件夹的 ACL 权限备份和恢复，与虚拟桌面平台紧密接合，保证恢复后的数据可以正常使用。

（3）通常不会再出现因虚拟桌面用户配置损坏或数据文件丢失而导致与信息相关工作的延误，一旦出现问题可以通过备份存储服务器快速恢复。

### 8.9.3.4 数据备份技术原理

（1）CDP 继续数据保护原理。

CDP 技术是基于文件过滤驱动实现的，其基本原理如图 8-15 所示。通过在操作系统中植入文件过滤驱动程序，来实时捕获所有文件访问操作。对于需要 CDP 连续备份保护的文件，当 CDP 管理模块经由文件过滤驱动拦截到其改写操作时，则预先将文件数据变化部分连同当前的系统时间戳（System Time Stamp）一起自动备份到存储体。从理论上说，任何一次的文件数据变化都会被自动记录，因而称之为持续数据保护[22]。

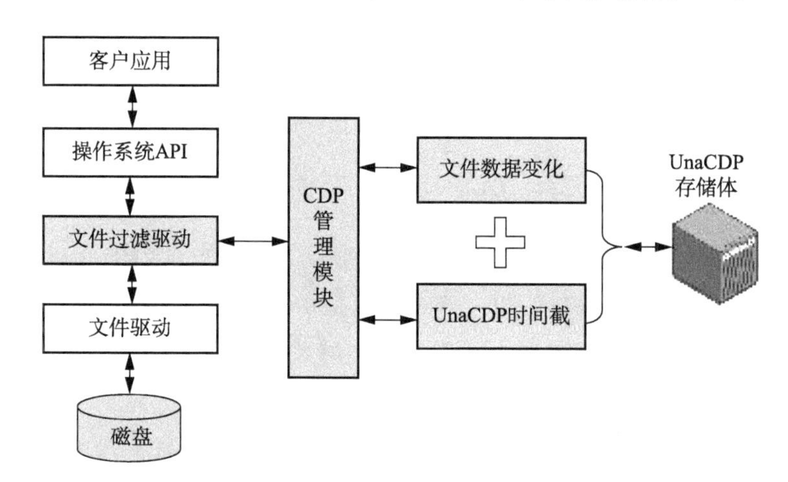


**图 8-15　数据备份技术原理**

在实际应用中，如果用户数据修改变化非常频繁，可以手工调整自动备份策略为非连续。将自动备份间隔设置为以分钟或小时为单位。此外，为了节省备份存储空间，也可以针对容量较大的文件，通过设定备份总数目上限等操作来优化存储空间利用率。

（2）完全备份和增量备份。

对于文件数据的修改进行持续备份，存储空间占用将是一个严重问题。针对设定的备份集，可采用完全备份+增量备份的策略进行自动数据备份工作，以减少存储空间占用。在首次针对备份集进行一次完全备份之后，以后每次在捕获到文件修改事件消息时，实时备份新修改的文件，如图 8-16 所示。

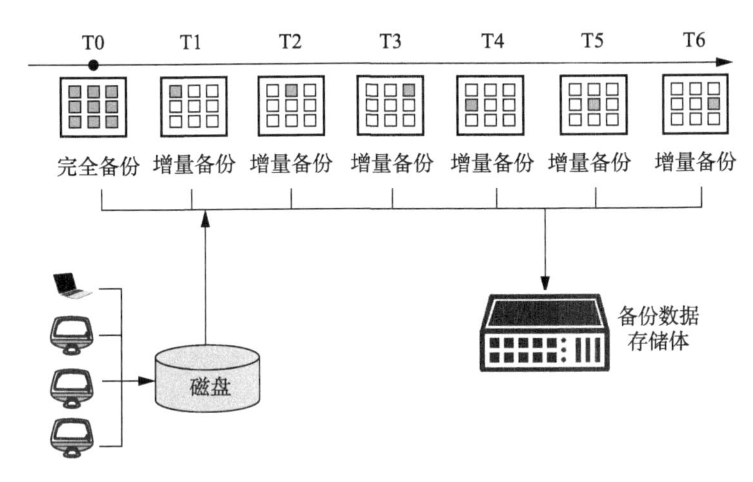


**图 8-16　完全备份及增量备份**

## 8.10　安全审计

安全审计主要对象为桌面用户和桌面管理员。在虚拟桌面环境下，管理员需要对桌面用户和应用进行管理，需要对系统各服务器进行操作，具有很大的权限，所以，管理员的操作必须进行详细的审计记录，约束管理员的操作。审计内容主要有三个方面：用户行为审计，桌面管理审计和运维审计。

### 8.10.1　用户行为审计

用户行为审计是记录用户的整个桌面登录和操作流程，将用户名、桌面登录时间、桌面注销时间、用户使用过的应用、应用服务器 IP、用户桌面和应用异常等信息记录在数据库中，能够通过桌面管理平台进行查询，生成相应的日志文件。如图 8-17 所示为用户行为审计逻辑部署图。

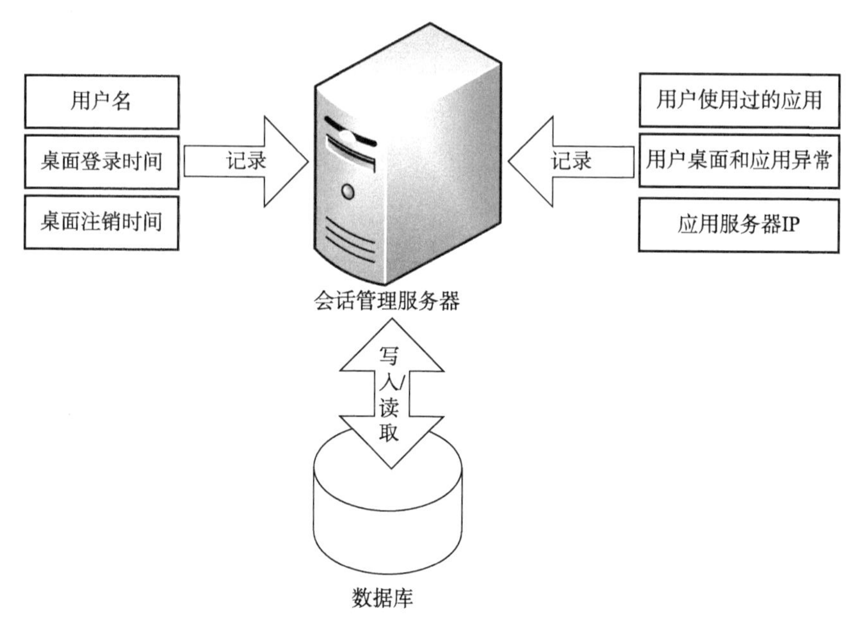


**图 8-17　用户行为审计逻辑部署图**

## 8.10.2　桌面管理审计

桌面管理的主要作用是对桌面用户和应用的管理，管理员通过 Web 管理界面管理用户信息、桌面应用信息和桌面会话，操作全部记录在会话管理服务器的数据库中，主要记录项为用户名、操作内容、时间和结果，如表 8-2 所示。

**表 8-2　桌面管理审计记录**

| 用户 | 操作 | 时间 | 结果 |
| --- | --- | --- | --- |
| admin | 管理员 admin 登录 | 2013-04-21 12：09：32 | 成功 |
| admin | 注销会话 1366066440micgL | 2013-04-16 08：22：21 | 成功 |
| admin | 管理员 admin 登录 | 2013-04-16 08：21：21 | 成功 |
| admin | 管理员 admin 登录 | 2013-04-16 07：39：10 | 成功 |
| admin | 管理员 admin 登录 | 2013-04-16 07：36：36 | 成功 |
| admin | 注销会话 1366064509LHa8W | 2013-04-16 06：29：09 | 成功 |
| admin | 注销会话 1366061097Y15M1 | 2013-04-16 06：21：00 | 成功 |

续表

| 用户 | 操作 | 时间 | 结果 |
| --- | --- | --- | --- |
| admin | 管理员 admin 登陆 | 2013-04-16 06：20：50 | 成功 |
| admin | 管理员 admin 登陆 | 2013-04-09 09：41：46 | 成功 |
| admin | 管理员 admin 登陆 | 2013-04-07 02：06：13 | 成功 |
| admin | 管理员 admin 登陆 | 2013-04-06 12：04：54 | 成功 |

### 8.10.3　运维审计

服务器操作审计是通过部署专门的堡垒机，“堡垒机”实际是旁路在网络交换机节点上的硬件设备，将管理员和目标服务器分离，通过设置交换机策略，实现管理员可以远程访问管理员服务器，即实现物理结构上并联，逻辑结构上串联。简单地说，原先管理人员是直接通过远程访问技术登录服务器进行操作，但无法避免这期间会有误操作或者越权操作，通过部署专门的堡垒机，可以使管理员间接通过堡垒机进行远程服务的操作，这样管理员的所有操作都会记录在堡垒机上。

图8-18中实线表示实际的网络连接。虚线表示管理员在管理各个平台的服务器设备时，逻辑上的网络连接，管理员的所有操作都必须同堡垒机进行，而不能直接通过各种远程协议直接登录到服务器上进行操作。

在这种模式下，堡垒机管理的对象为管理员、运维人员，集中监控各种服务器运维操作，后台的各服务器和堡垒机之间支持各种远程协议访问，如RDP、SSH、telnet等，可以保证用户通过堡垒机间接操作服务器，而非直接不受监管的直接操作。堡垒机通过两步来实现“物理旁路，逻辑串联”的部署方式，第一步是通过配置交换机或目标设备的访问控制策略，只允许堡垒机IP访问目标设备的运维和管理服务。第二步将堡垒机连接到对应交换机，确保所有运维人员可以通过网络IP可达堡垒机。堡垒机能够记录用户的对于目标主机的所有操作，还能够进行操作录像，使得用户的操作可以重现。审计人员登录到堡垒机之后，能够调取相应的审计记录，重现运维人员的服务器操作，进行检查或者责任认定。

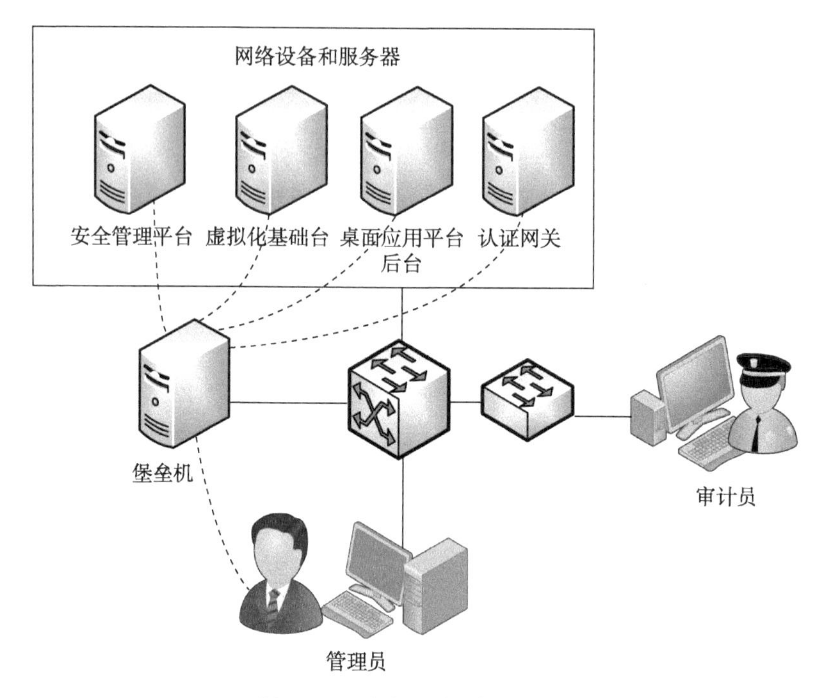


图 8-18　安全审计逻辑部署图

## 8.11　本章小结

本章详细介绍了安全管理平台的设计原理、逻辑部署架构，以及各部分主要功能设计。首先分析了虚拟桌面系统面临的安全风险和桌面管理员角色划分，读者由此可了解系统的安全保障需求。然后介绍了安全管理平台逻辑部署架构和功能结构。在此基础上，从 8.5 到 8.10 节，分别详细介绍了终端设备接入控制设计、用户访问控制设计、虚拟桌面安全配置管理设计、虚拟桌面病毒防护设计、数据安全保护设计，以及安全审计功能设计。通过阅读本章内容，读者可以深入了解虚拟桌面安全管理需求和安全保障要点，以及为虚拟桌面平台提供从终端安全、桌面安全到系统安全和数据安全的全方位安全保护功能的部署和实现方法。

第9章

# 应用案例

本章向读者介绍 GDesk 系统在电子政务、医疗、通信、教育、海关、金融等行业领域的应用情况，重点说明 GDesk 在各行业部署的系统架构，解决的问题以及行业应用效果。

本 章 导 读

- 应用模式概述
- 政务行业应用案例
- 医疗行业应用案例
- 通信行业应用案例
- 教育行业应用案例
- 海关行业应用案例
- 金融行业应用案例

##  9.1 应用模式概述

### 9.1.1 双网环境下移动办公需求

我国政府、企事业单位网络多采用双网隔离的布局，一般在安全级别较高的网络上（简称内网）部署OA系统和业务系统，在安全级别较低的网络上部署门户系统和互联网应用（简称外网）。随着移动互联网和线上服务的快速发展，移动办公成为主流的办公模式，数据作为最有价值的资源，确保其在双网之间进行安全传输和交换，并提供给移动终端进行访问是目前亟须解决的问题。另一方面，业务数据的安全性和IT部门对双网服务的压力越来越大，亟须解决。

毫无疑问，虚拟化技术是提高数据安全和减轻运维压力的一个途径。本书对包含虚拟化技术在内的四种常见双网办公方案做个比较，如表9-1所示。从用户端来看，四种解决方案可以简化为：两台计算机、一台带隔离卡的计算机、一台计算机+一台瘦客户机、一台带T-Line的计算机（GDesk），配合后台的服务器应用，均实现了双网隔离的办公访问需求。

**表9-1 常见双网办公方案的比较**

| 指标<br>方案 | 两台计算机 | 一台带隔离卡的计算机 | 一台计算机+一台瘦客户机 | 一台带T-Line的计算机（GDesk） |
|---|---|---|---|---|
| 双网隔离 | 物理隔离 | 分时隔离 | 物理隔离 | 分时隔离 |
| 虚拟化技术 | 未采用 | 未采用 | 内网采用 | 内网采用 |
| 文件本地存储 | 是 | 是 | 内网否 | 内网否 |
| 集中数据管控 | 不可以 | 不可以 | 内网可以 | 内网可以 |
| 终端免维护 | 不可以 | 不可以 | 内网可以 | 内网可以 |
| 资源控制 | 不可以 | 不可以 | 内网可以 | 内网可以 |
| 总成本 | 高 | 中 | 中 | 低 |

由表9-1可见，通过部署GDesk系统，用户可实现利用一台带T-Line的计算机对双网的分时隔离访问，同时实现内网应用的虚拟化，既充分利用了已有的计算机设备，又做到了对资源的集中控制。与隔离卡和瘦客户机相比，这种结构更健壮、更通用，适应性更好。同时，GDesk系统通过给用户交付虚拟应用的方式代替了桌面部署，极大节省了软、硬件资源，大幅降低了采购及维护成本，提高了IT部门的服务效率。

从安全角度考虑，GDesk系统完全实现了用户端数据不落地和服务器端对数据的统一管控，有效避免了业务数据的外泄。并且，GDesk系统作为一个整体部署到内网环境中，与用户原有业务应用系统逻辑隔离，对原有业务应用和网络拓扑无任何影响。只要原有网络环境和应用稳定正常，通过前置客户机使用无任何改变，完全保持原有业务的可用性和持续性。

### 9.1.2　GDesk系统应用场景

GDesk系统面向具有双网办公环境的各种大中型企事业单位，包括政府、医疗、电信、教育、海关、金融等部门，适合虚拟办公、终端安全及数据安全控制、远程与分支机构建设、应用与服务统一部署与管理、员工移动性或BYOD办公等不同典型应用场景，可根据两网业务的重要性归纳为两大类：外网终端访问双网、内网终端访问双网。此外，GDesk也支持单网原有终端通过前置客户机虚拟化访问该单网的应用。

#### 9.1.2.1　外网终端通过前置客户机访问双网

双网办公环境中，若内网的信息更为敏感，例如内部办公网、专网等都存储了大量内部数据，甚至涉及高层决策信息或行业秘密，则这种场景下适合将虚拟化设备部署在内网与原有业务应用无缝衔接，全部办公数据后台存储，不在本地终端留存。外网已有计算终端可通过连接前置客户机访问双网。访问内网时终端只有显示和输入功能，做到内网模式下终端不留密，如图9-1所示。

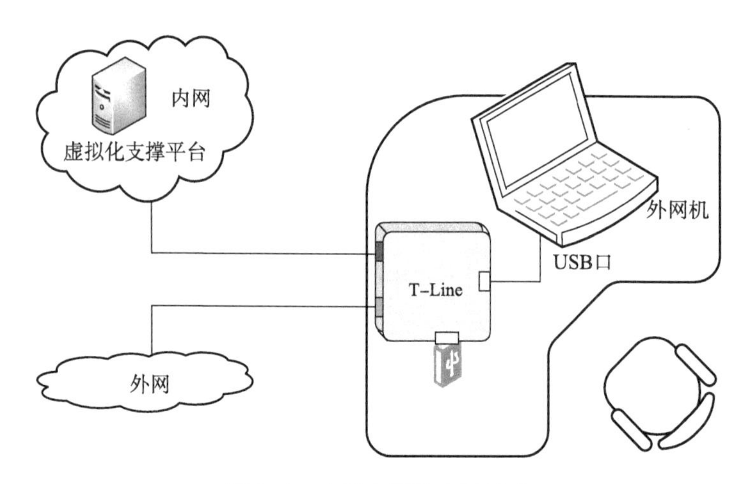


图 9–1　内网虚拟化应用模式

#### 9.1.2.2　内网终端通过前置客户机访问双网

双网办公环境中，若业务应用主要部署在外网侧，即互联网，此时用户使用互联网终端处理或传输业务数据，终端安全等级较低，面临病毒木马及恶意攻击等安全风险因素更多，则这种场景下适合将虚拟化设备部署在互联网，全部业务数据后台存储，不在本地终端留存。所以内网已有计算机终端可通过连接前置客户机访问双网。访问外网时，计算机终端只有显示和输入功能，本机硬盘不加电，USB 口、光驱、无线、蓝牙等外设禁用，做到内网终端不泄密，如图 9–2 所示。

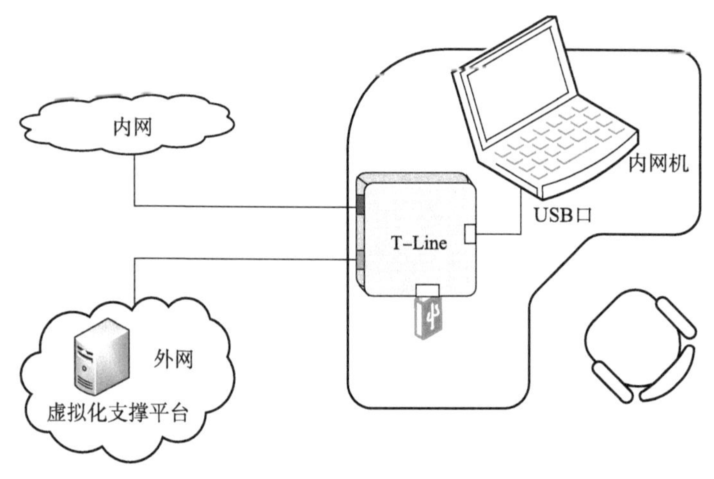


图 9–2　外网虚拟化应用模式

#### 9.1.2.3　原有终端通过前置客户机虚拟化访问单网

在某些行业或单位中，只使用一个与互联网连接的物理网络，利用行业统一的互联网业务系统或者将单位的业务系统直接部署在该网络上，面向所有互联网用户。例如校园网，在校园内访问时直接通过计算机终端进行学习或上网。此时用户既可以通过终端进行互联网访问，又可以使用该终端处理或传输文件，单台终端从互联网感染的木马、病毒等极易传播至整个网络，网络的安全管理非常困难。这种场景下适合将虚拟化设备部署在总机房中，将终端集中的区域改造为虚拟化访问，利用原有终端通过连接前置客户机，利用终端的显示和输入功能和前置客户机虚拟化连接功能，限制了 U 盘、光盘等个人行为，既避免了终端作为木马、病毒传播的途径，又简化了终端的安全管理，如图 9-3 所示。

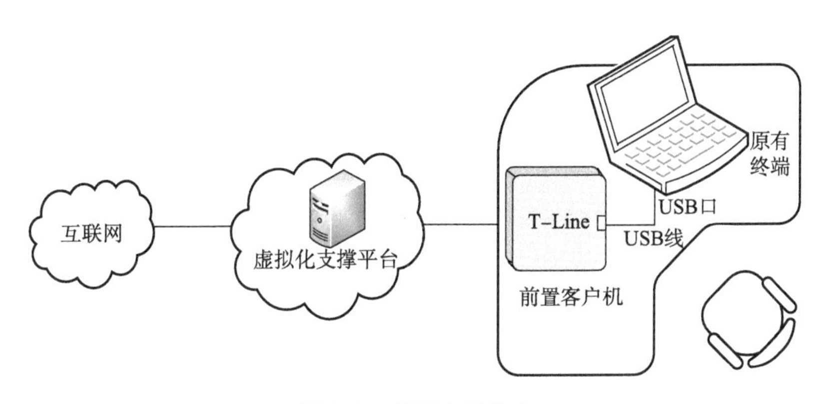


**图 9-3　单网应用模式**

##  9.2　政务行业应用案例

### 9.2.1　行业办公现状

某政府机关三个非涉密网共存：办公网、互联网、电子政务外网。办公网与其他两网物理隔离，互联网与电子政务外网逻辑隔离。其中，办公网承载网上办公系统，进行公文流转、文件处理，含有高层决策信息。为减少敏感信息本地人为外泄的风险，每个办公室仅配备一台办公网计算

机，且 USB 口封闭。工作人员有使用需求时，轮流使用办公网计算机，需要通过 USB Key 进行用户身份认证。因办公网终端较少使用不便，导致办公网访问率极低。互联网和电子政务外网终端合一，一人一机，互联网和电子政务外网均有在线应用。有从互联网向办公网导入资料的需求，目前通过光盘刻录方式，光盘介质的使用和存储管理脆弱。

### 9.2.2 行业应用需求

在双网办公模式下，政务部门对虚拟桌面系统典型的应用需求主要体现在如下四个方面。

（1）提高办公网的使用频率。

（2）提高办公网数据的安全性。

（3）控制不明身份的人员访问办公网。

（4）实现文件从互联网单向导入办公网。

### 9.2.3 应用部署方案

如图 9-4 所示，在办公网防火墙内部新增 3 台服务器，进行服务器虚拟化后部署 GDesk 系统的虚拟化支撑平台、安全管理平台，新增 1 台接入认证网关。其中，安全配置和防病毒系统的 Server 端部署在会话和域控服务器分配出的一台虚拟服务器上即可，无需另配物理服务器。Client 端部署在所有 Windows 操作系统的虚拟化应用服务器上。用户利用原有的互联网计算机终端连接前置客户机，配发用户身份和设备认证 USB Key。同时，在互联网与办公网之间使用文件单向传输平台，实现文件从互联网向办公网的单向导入。该方案中，原有网络的拓扑结构没有任何变动，原有的一台互联网终端作为双网分时访问终端，办公网实现虚拟化办公，互联网或政务外网按原有访问方式和流程办公。

### 9.2.4 行业应用效果

采用上述虚拟桌面方案后，在提升办公效率、加强数据安全、访问控制和文件交换方面起到了很好的应用效果。

（1）实现了通过 1 台带 T-Line 的互联网终端，每个人不仅可以访问互联网和电子政务外网应用，还可以访问办公网的虚拟应用，极大提高了

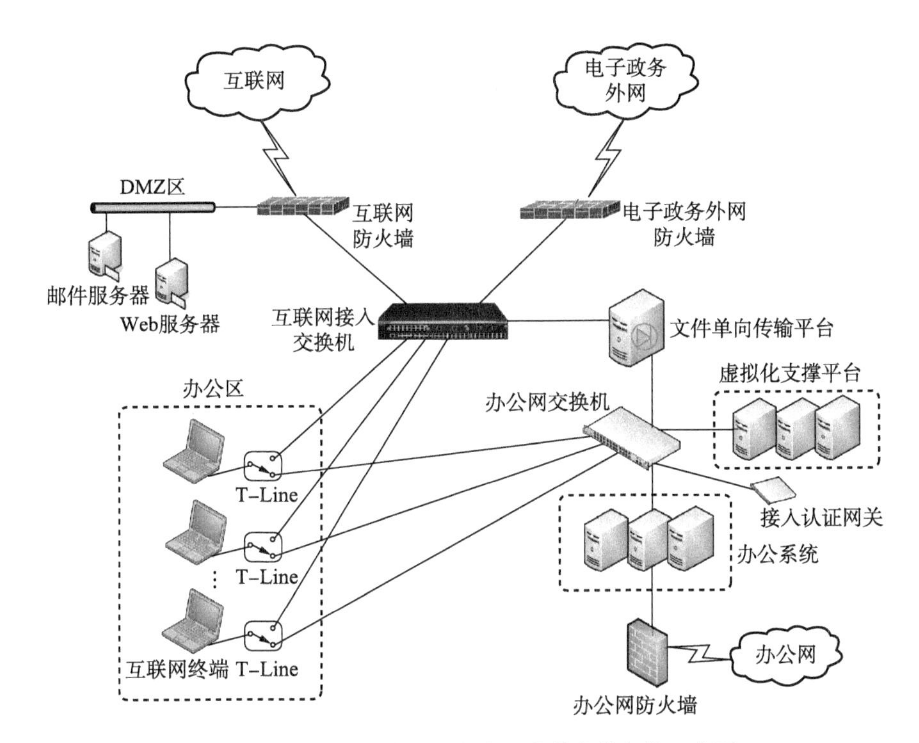


图 9-4　GDesk 系统在政务办公中的总体架构示意图

办公网访问频率。

（2）实现了办公网数据在服务器端的集中存储、隔离和加密，用户端数据不落地，极大地提升了数据的安全性。

（3）通过对前置客户机进行用户身份和设备认证控制，避免了不明身份的用户和设备接入办公网。

（4）实现了数据和文件从互联网单向导入到办公网，改变了原有人工刻录光盘的方式，避免了光盘管理和存储的漏洞。

## 9.3　医疗行业应用案例

### 9.3.1　行业办公现状

某三甲医院有临床、医技等科室 33 个、卫生保健人员 700 多人，拥有一个由两家门诊部、一家住院部、若干个社区服务所构成的内部网络，定制开发了综合医疗保健系统，采用 C/S 结构，包括门诊部分、住院部分、手术医技部分、药房药库部分、后勤仓库部分、综合查询部分，实现病人从挂号、看病、处方、缴费、住院、出院全程信息化，不同办公场所按办公需求均有内网计算机终端，但部分终端设备陈旧，速度很慢。同时，该院在互联网上部署了门户网站，提供对外服务功能。行政区、运维区开通了互联网和内网，医疗区、住院区、社会服务所仅开通内网，一般科室除了要用到 Word、Excel 等常用软件工具外，只能应用与医疗业务紧密相关的应用软件。医院内部网络与互联网物理隔离。内网区采用域策略严格控制终端访问的权限，屏蔽各类移动和外置存储的连接；外网区终端采用 IP 绑定 MAC 地址的认证方式。

### 9.3.2 行业应用需求

以该医院为典型代表的医疗行业，在内/外双网办公模式下对虚拟桌面系统具有如下四方面应用需求。

（1）在不同办公场所可快速访问医疗保健系统。

（2）按不同身份提供不同的使用功能。

（3）防止内网敏感信息和病人隐私被盗。

（4）减轻 IT 部门的运维压力。

### 9.3.3 应用部署方案

如图 9-5 所示，外网网络和设备不做改动。在内网机房新增 9 台服务器部署虚拟化支撑平台支撑 700 人并发访问，配置域控和数据隔离策略，所有区域按终端数配前置客户机，将原内网终端的运算功能移至虚拟服务器，通过用户名和口令方式快速访问医疗保健系统。运维区、行政区利用原有带 T-Line 的外网计算机终端访问两网；医疗区、住院区、社会服务所原有内网终端配 T-Line 进行内网应用虚拟化访问，仅利用内网机器的显示和输入功能，屏蔽其硬盘和各类外设接口。IT 部门无须再对内网终端进行运维和安全管理，仅对外网终端和服务器进行运维即可，保留外网终端原有的使用习惯。

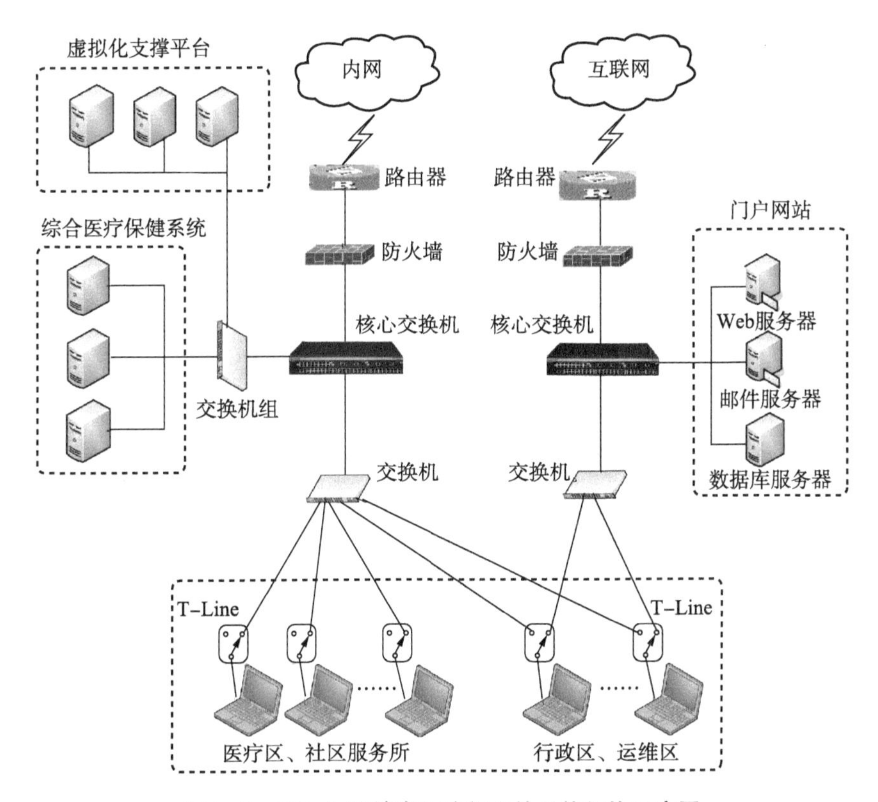


**图9-5　GDesk系统在医疗行业的总体架构示意图**

## 9.3.4　行业应用效果

采用上述虚拟桌面方案后，在提升办公效率、加强数据安全、访问控制和文件交换方面取得了如下应用效果。

（1）利用虚拟服务器快速运算能力代替原有内网终端的运算能力，大大提高办公应用运行速度。

（2）通过设置域控和数据隔离策略，实现了不同身份不同权限访问。

（3）将医疗保健系统的数据和信息移至服务器端，用户端无数据留存。

（4）位置众多的内网终端不需再运维和安全管理，IT部门只负责外网终端和服务器，减轻了IT部门50%以上的终端管理压力。

## 9.4 通信行业应用案例

### 9.4.1 行业办公现状

伴随着用户数量、业务服务的不断扩大，国内某运营商形成四大应用场景：呼叫中心、营业厅、办公区、运维区。在应用场景网络连接上，采取广域网组织方案，某省移动分公司工程建设的呼叫中心、营业厅、办公区和运维区的业务终端通过 DCN（Data Communication Network）网络接入处理计费系统、OA 系统、客服系统等业务。同时，办公区、运维区均另外配置了互联网终端，方便互联网的访问。计费系统包括大量用户身份信息和业务信息，有数据通过本地终端泄露的现象。

呼叫中心的客服主要使用 PC 机终端，以 B/S 方式访问客服系统，因此需要安装运行 Java 环境和相关浏览器插件，呼叫中心采用语音卡或 IP 语音方式，客服人员不固定位置，具有较大的流动性，每当有新的客服人员入职，IT 人员都需分配终端并对终端进行全新配置，非常烦琐。

营业厅同样通过 B/S 方式访问业务系统，并且每台终端要配置本地打印机，并配置发票打印格式，部分终端需要连接身份证读卡器和扫描仪等外设。由于终端设备资源被异常占用导致终端处理速度下降，或网络堵塞致使营业厅经常出现业务办理速度严重下降的问题，有时在营业厅，一项业务操作需要等十几分钟，甚至是操作不成功，严重影响了业务办理和用户体验。并且因为运营商的业务系统经常升级，每次都需要 IT 人员到营业厅进行维护，不仅浪费时间还效率低下。

IT 运维系统采用传统的 C/S 管理架构，每个设备和系统配备了独立的管理软件和管理工具。使用和管理这些软件工具，并进行安全控制存在很多问题，无法对业务系统/设备维护人员的操作进行安全控制和审计，缺少整体的管理和监控手段。有时候运营商会把更多的运维工作外包出去，外包人员的介入使得内部数据面临极大的安全挑战。

### 9.4.2　行业应用需求

以该运营商为代表的通信行业，在呼叫中心、营业厅、运维区和办公区四大业务场景下对虚拟桌面系统的应用需求如下。

（1）改善呼叫中心因座席人员流动大而导致 IT 人员重复工作、效率低下的状况。

（2）改善营业厅终端业务系统速度慢，以及频繁现场升级软件的状况。

（3）提高运维区终端软件版本的规范化集中管理，解决运维操作的安全管理、口令管理和审计问题，提高数据的安全控制，简化备份恢复流程。

（4）改善计费系统用户信息和数据本地流失现象。

### 9.4.3　应用部署方案

如图 9-6 所示，将原 DCN 网核心生产区与员工终端之间增加 GDesk 虚拟化层，部署应用支撑平台和安全管理平台，每台终端配备带设备认证和身份认证功能的前置客户机，在虚拟服务器层按需增加服务器、认证网关，以及存储加密、CDP 备份恢复等安全管理功能，将原终端所安装的 Java 运行环境、相关浏览器插件，以及管理软件和管理工具统一移至虚拟服务器。G-Cloud 平台支持网络打印机，可通过 AD 域控设置打印机的使用权限，支持音视频，读卡器、扫描仪文件可通过 GDesk 上传功能转移至虚拟服务器个人区域，减少 IT 人员对终端软、硬件、数据、安全的运维量。

在双网访问的办公区和运维区，员工通过前置客户机 T-Line 访问虚拟化的 DCN 网业务系统，本地没有业务数据的留存；通过本机 Windows 访问互联网，互联网原有的操作不做任何改动。在仅有 DCN 网访问的营业厅和呼叫中心，员工的 DCN 终端仅作为显示和输入输出用，进行计费、客服等业务系统的虚拟化访问，保证了终端无业务数据留存。

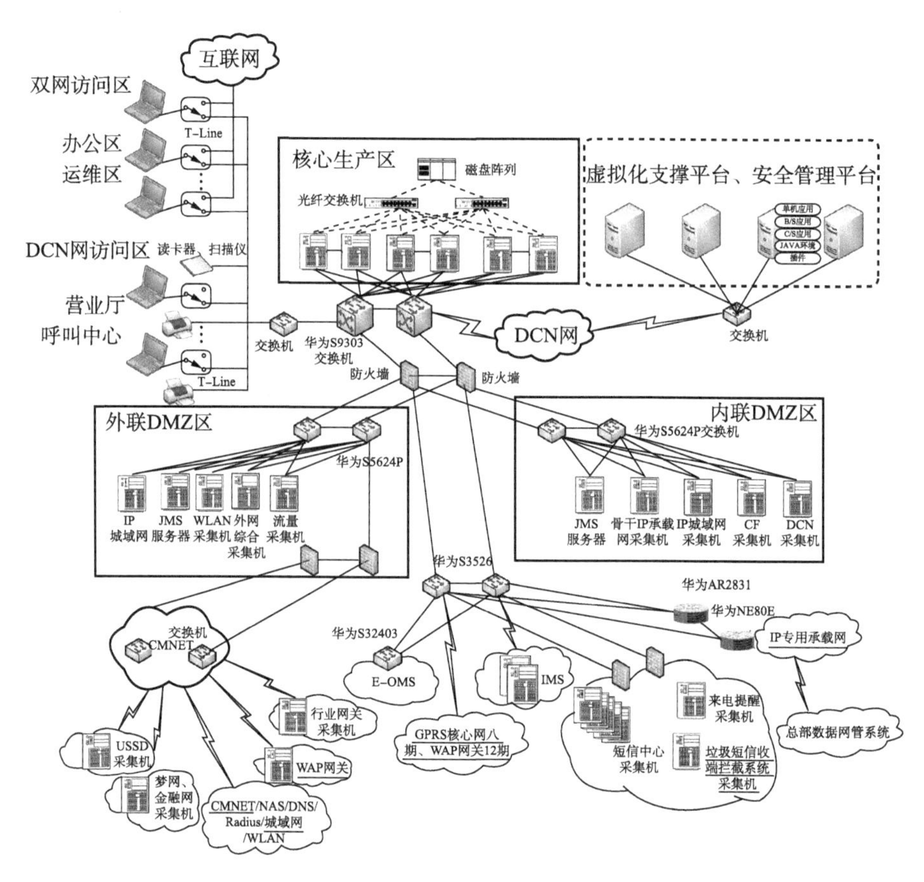


**图 9-6　GDesk 系统在通信行业的总体架构示意图**

### 9.4.4　行业应用效果

部署虚拟桌面后，该运营商在提升办公效率、降低运维难度、加强数据安全、访问控制等方面取得了如下应用效果。

（1）因桌面虚拟化，呼叫中心座席人员流动不再影响终端信息的设置。只要按自己的账号登录虚拟桌面，就可以立即获得属于自己的个性化配置桌面。

（2）终端所有业务和软件均移至虚拟服务器，改善了终端资源占用导致业务慢的状况。

（3）解决了 IT 运维人员频繁奔波于呼叫中心、营业厅、办公区、运维区，效率低下的现象，规范统一了管理软件、管理工具的使用，降低了

IT 人员对终端软件、硬件、数据和安全的运维工作量。

（4）双重认证加强了设备和人员的可控，终端无留存数据降低了数据丢失风险，CDP 备份恢复、存储加密、安全审计等加强了数据的安全性。

（5）解决了业务系统数据终端留存产生的信息泄漏问题。

## 9.5　教育行业应用案例

### 9.5.1　行业办公现状[23]

某中学电教中心是学校公共服务体系的重要部门之一，在两个子校区中共有跨网段的 PC 教室 6 个、多媒体教室 2 个。其中，每个 PC 机房对应不同课程安装了不同的学习软件，由 3 位代课教师兼职负责维护。学校强制规定学生不得随意打开或关闭主机，不得私自带 U 盘进入机房，不得更改桌面及系统设置等；在软件控制上，PC 机安装了杀毒软件、防火墙、还原卡；在维护方面，PC 机基本上采用还原卡管理模式，安装系统、应用软件、升级、维护工作费时费力，还原卡防病毒能力差；没有多还原点管理，在安装软件过程中系统故障，需要重新安装操作系统及应用软件；不支持大规模集中化部署、更新软件工作。总体上为违规行为频繁发生，上机环境准备困难，终端系统维护量大，影响到教学工作的开展，频繁使用系统还原卡易蓝屏死机，另病毒库无法实时更新补丁，PC 机的安全性较低。

### 9.5.2　行业应用需求

该中学代表了教育行业电教中心的典型应用场景。在多区域办公和教学场景下对虚拟桌面系统的应用需求如下。

（1）简化电教中心的管理，提高系统部署效率，实现操作系统与 PC 机硬件无关。

（2）实现课程应用的按需分配，不同课程提供不同的桌面应用环境。

（3）对跨网段、跨楼宇的 PC 机房和多媒体教室的计算机进行集中统一管理和维护，减少维护人员的工作量和管理难度。

（4）需要在不重新安装操作系统的情况下，批量升级操作系统、应用软件以及安装新的应用软件。

（5）保证在断网、服务器宕机情况下，计算机也能正常使用。

### 9.5.3 应用部署方案

如图 9-7 所示，对电教中心的 PC 教室和多媒体教室通过 GDesk 改造，实行桌面应用的单网络访问虚拟化，跨楼宇跨网段的网络地址判断和 IP 路

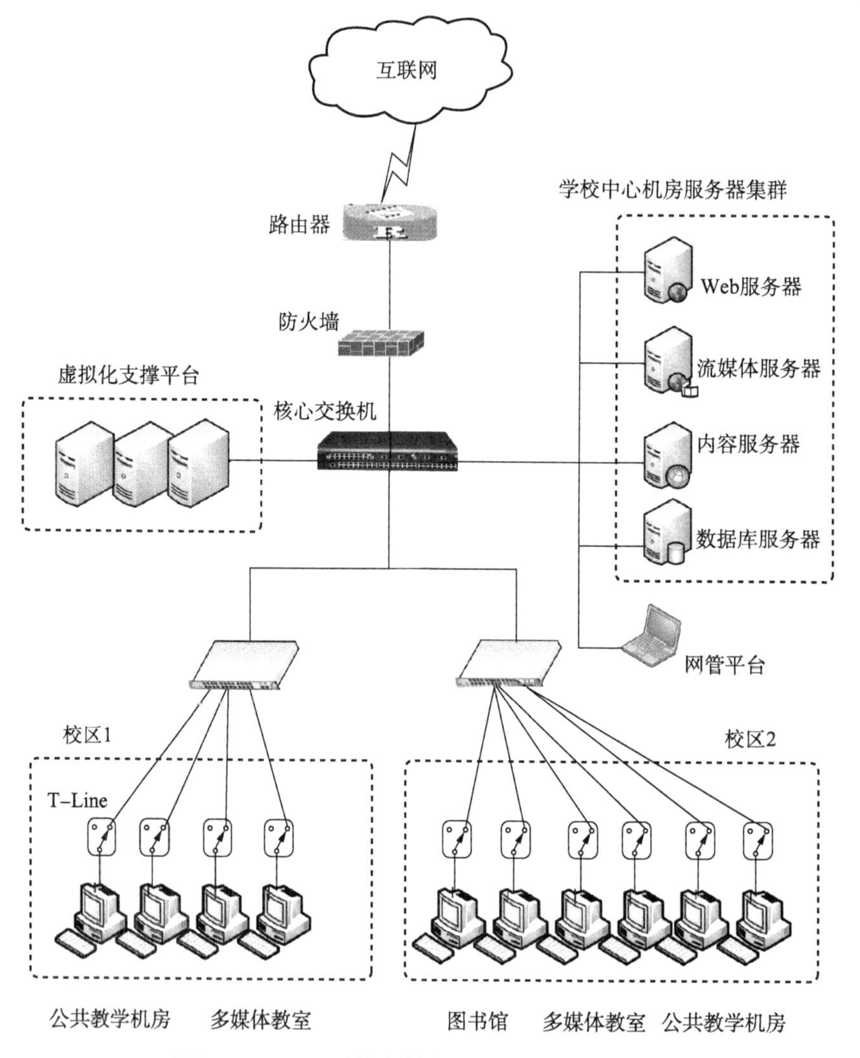


**图 9-7　GDesk 系统在教育行业的总体架构示意图**

径选择通过原有的网络设备路由器完成。后台增加虚拟化支撑平台和安全管理平台，在服务器虚拟化基础上部署虚拟服务器管理软件和虚拟应用管理软件，并进行虚拟服务器的安全配置和防病毒。前台利用已有PC机配合前置客户机，在网络连接的情况下，访问虚拟应用桌面，利用虚拟服务器上的操作系统，实现与PC机硬件无关，在断网、服务器宕机情况下，PC机可单独使用。

### 9.5.4 行业应用效果

在做虚拟化改造后，该中学电教中心在提升教学体验、降低运维管理难度、加强系统稳定性等方面取得了如下应用效果。

（1）虚拟桌面操作系统与PC机硬件无关，PC机外设可控。

（2）按需分配课程应用，不同课程提供不同的桌面应用环境。

（3）将跨楼宇、数量众多的PC设备运维管理简化为集中的虚拟服务器运维管理，提高系统部署效率，极大地减少了维护人员的工作量和管理难度。

（4）无须批量升级操作系统、应用软件以及新的应用软件的安装。

（5）在断网、服务器宕机情况下，PC机也能正常本地使用。

##  9.6 海关行业应用案例

### 9.6.1 行业办公现状

某海关是省直属海关之一，海关的业务信息系统具有与其他政府部门不相同的应用特点，日常有大量海关业务需要执行，开发的很多信息系统在提高通关效率方面扮演着重要的作用，并在安全性、大用户并发等方面有特殊要求，使得海关信息系统的操作和维护异常复杂。该海关业务系统部署在两张物理隔离的网络上，核心业务系统分别为日常OA办公系统和海关通关业务处理系统（H2010）。OA办公系统主要用于日常的公文流转、行政管理和公告通知等业务。H2010系统的主要功能是支撑海关内部的审单、征税、接单、放行、减免税、审批等重点业务。海关业务的特点是地

域分散、网点多，通关系统牵涉到国家机密和报关企业的商业秘密，如果真实业务数据在不安全的网络中传输，很容易造成敏感信息泄漏。出于业务安全考虑，业务系统部署在海关专用的办公业务资源网上运行。该海关还有面向公众的服务网，提供互联网服务。每个工作人员在工作时都同时使用两台电脑，一台用于访问 H2010 通关系统和 OA 系统，另一台用于日常的办公和通信。通关系统的可用性直接影响海关业务，安装客户端软件的终端硬件需要配置较高，并不断进行终端硬件升级，因此导致运维成本越来越高。

### 9.6.2 行业应用需求

海关行业在双网办公场景下对虚拟桌面系统的应用需求如下。

（1）解决因地域分散造成的通关系统的升级与维护响应慢问题，提高通关效率。

（2）提升通关系统业务数据的安全性，尽量避免业务数据的泄露。

（3）降低通关客户端对终端硬件的依赖性。

### 9.6.3 应用部署方案

如图 9-8 所示，通关系统和 OA 办公系统网络与设备不做任何改动，在数据安全要求高的办公业务资源网络中部署 GDesk 系统，利用 1 台终端对通关系统和 OA 系统进行虚拟化访问，实现通关数据在终端不落地，避免数据在终端的泄漏。根据内存需求 0.5GB/人、CPU 需求 5 人/核考虑，按实际人数规模进行虚拟化层服务器的配备，对新增硬件服务器进行服务器虚拟化，部署虚拟化支撑平台和安全管理平台。虚拟化支撑平台中部署两台会话管理服务器，双机互备，确保系统的可用性。在安全管理平台部署防病毒、备份恢复、数据加密功能，以提高数据的安全性。

### 9.6.4 行业应用效果

海关行业应用虚拟化方案后，在提高办公效率、加强数据安全保护等、提升系统适配性等方面取得了如下应用效果。

（1）通关系统的升级和维护只需集中操作虚拟应用服务器，避免了因地域分散造成的无法快速响应问题，提高了通关效率。

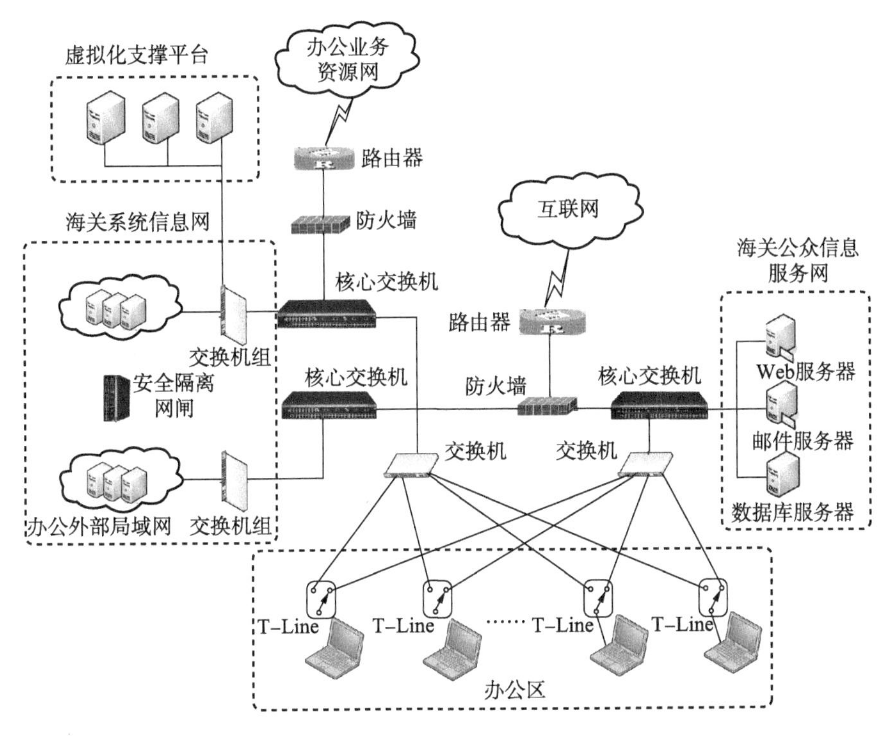


**图 9-8　GDesk 系统在海关行业的总体架构示意图**

（2）避免通关系统的业务数据在终端落地，降低了终端泄密的风险，同时增加了身份认证、数据加密、备份等措施，从用户、管理员、数据的不同角度提升安全性。

（3）通关系统的访问仅使用了终端的显示器和键盘，实现了对终端硬件无依赖。

##  9.7　金融行业应用案例

### 9.7.1　行业办公现状[24]

某商业银行存在三网，生产网、办公网，和互联网，其中生产网和办公网同属一张内部网，两网边界部署防火墙等安全设备以便实现逻辑隔离。生产网主要完成银行核心会计业务需求，如清算中心、网银等无须人

为干预按照业务规则进行的结算等大量的计算工作；办公网主要完成内网办公的需求，如 OA、业务处理、远程办公等需求，通常承载需要大量人为参与的流程。

员工通过外网区域接入互联网，各接入点采用网吧模式提供接入服务，在总行和各分支行都有互联网出口。此网络结构既可以保障业务连续性，又便于实现业务的增值和组合。这种模式下，内外网安全边界比较清晰，但因办公网与生产网逻辑隔离，来自内部横向扩散的安全威胁风险大大增加，内网的安全管理有待提高。利用 1 台计算机终端采用网络安全隔离卡方式进行网络访问。在内网的网络边界、数据中心的安全硬件建设投入巨大，在防止外部攻击、防黑客入侵方面有成熟的防护体系。

由于业务需要，员工终端设备（计算机、打印机）可以访问数据中心的业务系统和数据，并可在终端存储，有机会接触到机密数据，但终端设备的信息安全防护比较薄弱，成为薄弱环节。近年来数据泄密事件越来越多地由内部人员实施，成为本行数据泄漏的主要途径。来自内部的攻击占信息系统遭受攻击的 70%以上，并且因发生在内部网络，外部防护体系对此类泄密无能为力。外包人员和第三方工作人员大量存在，其终端设备因合作需要也会接入到内网。员工未按规定使用外设或通过非法途径接入互联网，成为所有外部风险的入口。

### 9.7.2 行业应用需求

在三网办公模式下，金融领域对于简化业务架构，提升运维效率，改进安全保障等方面存在强烈的需求。

（1）提升内网系统的安全性，简化系统部署，简化终端运维。

（2）员工终端电脑可分时访问互联网和内网，方便切换，业务工作不受影响。

（3）终端计算机不存放任何内网数据，杜绝内部员工泄密。

（4）支持外包人员和第三方工作人员的终端设备以 BYOD 方式接入使用。

### 9.7.3 应用部署方案

如图 9-9 所示，在原有生产网和办公网共同接入的核心交换机上，部署 GDesk 系统的虚拟化支撑平台和管理管理平台。终端废弃隔离卡，配合前置客户机，将生产网和办公网进行虚拟化，并增加设备和身份双重认证，避免不明身份的终端和人员接入，同时支持合作需要的外包人员和第三方终端设备接入。

原有生产网和办公网终端的各种客户端和软件移至虚拟应用服务器，安全管理平台部署防病毒系统、备份恢复和加密系统，以 CDP 持续数据保护方式提供精确到秒的数据备份恢复，同时为防止管理员对数据的特殊权限，对数据实行加密存储。互联网终端配合前置客户机进行三网访问，互联网访问流程和习惯不变，生产网和办公网通过虚拟桌面访问，本地不再留存任何信息。同时，由于实现了内网业务与终端硬件无关，使得内网的终端运维工作量节约 70%以上。

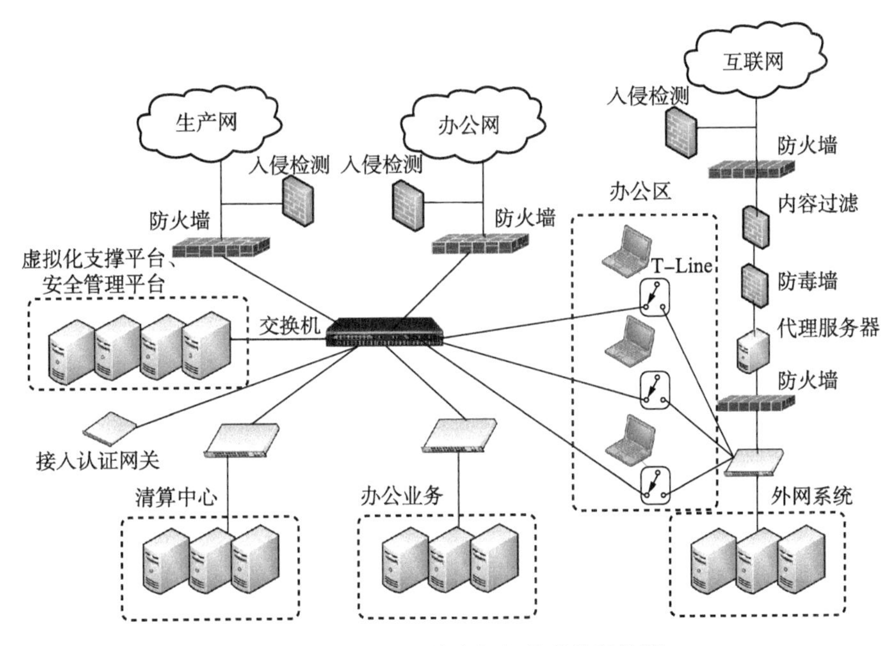


图 9-9 GDesk 系统在银行的总体架构图

## 9.7.4 行业应用效果

银行应用虚拟化方案后，在提高运维效率、加强数据安全保护、提升办公灵活性等方面取得了如下应用效果。

(1) 内网虚拟化将内网重要资源集中在后台，集中系统部署并简化计算机终端运维。

（2）通过重启切换网络，避免内网数据在终端内存遗留痕迹。实现分时访问两网，不改变对业务系统的访问体验。

（3）计算机终端在内网环境下硬盘关闭，无任何内网数据留存，极大降低了内部人员通过终端泄密的可能性。

（4）支持自带设备以 BYOD 方式接入。

## 9.8 本章小结

本章详细介绍了虚拟桌面系统在各典型行业的应用案例。在电子政务、医疗、通信、教育、海关、金融等行业领域，双网办公甚至是多网办公是非常普遍的现象，用户办公体验不佳，网络运维管理和安全保障工作都面临巨大压力，相信在其他行业也存在类似问题。虚拟桌面方案具有广泛需求和广阔的应用前景。采用虚拟化办公模式后，实现一台终端灵活访问双网或三网系统，不仅提高了办公效率和运维管理效率，还加强数据安全保护和访问控制，有效地改善了办公体验。

# 参考文献

［1］梅丽君．一类信息虚拟化共享策略设计研究［D］．黄石：湖北师范学院，2011.

［2］张吉．面向移动云计算的虚拟化资源管理［D］．南京：南京邮电大学，2013.

［3］刘嘉佳．桌面虚拟化的技术及前景分析［J］．电脑编程技巧与维护，2010（06）：103-105.

［4］耿永彬，邢亮，周海臣．基于虚拟化技术的桌面云在聊城烟草多办公场景的研究与应用［G］//中国烟草学会．中国烟草学会 2015 年度优秀论文汇编．中国烟草学会，2015：10.

［5］刘蓓，程浩，包丽娜，文博．远程移动办公安全标准研究与实践［J］．信息安全研究，2020，6（4）：282-288.

［6］中国互联网络信息中心．第四十四次中国互联网络发展统计报告［EB/OL］．（2019-08-30）［2020-10-19］．http：//www. cac. gov. cn/2019-08/30/c_1124938750. htm.

［7］国务院办公厅．国务院办公厅关于促进电子政务协调发展的指导意见（国办发［2014］66 号）［EB/OL］．（2014-11-16）［2020-10-19］．http：//www. czbeihu. gov. cn/zwgk/zwxxgkml/zwgkgzzd/content_2126561. html.

［8］国务院办公厅．关于积极推进“互联网+”行动的指导意见（国发［2015］40 号）［EL/OL］．（2015-07-04）［2020-10-19］．http：//www. gov. cn/zhengce/content/2015-07/04/content_10002. htm.

［9］国务院办公大厅．关于促进云计算创新发展培育信息产业新业态的意见（国发［2015］5 号）［EB/OL］．（2015-01-30）［2020-10-19］．http://www. gov. cn/zhengce/content/2015-01/30/content_9440. htm.

［10］国务院办公厅．关于运用大数据加强对市场主体服务和监管的若

干意见（国办发［2015］51号）［EB/OL］．（2015-07-01）［2020-10-19］．http：//www.gov.cn/zhengce/content/2015-07/01/content_ 9994.htm.

［11］周律．大型电力企业移动平台的设计与实现［J］．信息系统工程，2019（10）：40-41.

［12］邓奕松．智慧公安移动终端解决方案［J］．信息技术与标准化，2019（9）：53-57.

［13］吴光珍，曾梅芳，曾虹霖，等．虚拟桌面在医疗行业移动办公中的应用［J］．中国医疗设备，2019（10）：101-104.

［14］杜向波，李文峰，周苑涂，等．气象防灾减灾应急指挥移动办公系统设计［J］．农业网络信息，2013（6）：47-49.

［15］郑李园．基于企业微信的高校移动办公平台建设［J］．中国电力教育，2019（2）：77-78.

［16］中关村网络安全与信息化产业联盟．2016年全国企事业单位移动信息安全需求调查报告［J］．信息安全与通信保密，2017（4）：102-105.

［17］安思宇．PKCS#11密钥管理方法的研究［D］．北京：北京交通大学，2012.

［18］董兰芳，刘祥春，陈意云．虚拟桌面系统的实现原理［J］．计算机工程，2001（05）：144-145，158.

［19］闵江．一种利用TURN穿越对称型NAT方案的设计与实现［D］．武汉：华中科技大学，2008.

［20］中国国家标准化管理委员会．GB/T 30278—2013，信息安全技术 政务计算机终端核心配置规范［S］．北京：中国质检出版社，2014.

［21］李新友，许涛，刘蓓．计算机核心配置自动化系统设计与实现［J］．计算机应用，2013，33（10）：2858-2860，2901.

［22］蒋伟．军队信息网的网络安全体系结构研究与设计［D］．长沙：湖南大学，2011.

［23］谢峰．数字化校园—桌面虚拟化系统的设计与实现［D］．广州：华南理工大学，2012.

［24］吴蓓，刘海光．浅析银行网络安全［J］．内江科技，2010，31（7）：141，193.